内容简介

本书通过大量的案例分析，详细介绍了Sketch 4在设计移动UI中的应用，分别针对Sketch绘制线框原型、设计图标、设计移动UI、设计网站UI和UI的输出与交互进行了讲解。通过学习读者应该熟悉移动UI设计的规范和设计要点，同时掌握移动UI的输出以及交互动效的添加方法。本书在每一章中都根据该章节内容添加专家支招，为读者解答一些与实际工作相关的疑难问题。

本书适用于UI设计师、网站设计人员和网页设计爱好者阅读，也可作为网页设计师、专业移动UI设计师、交互设计师、艺术院校师生及UI设计爱好者的参考书。

未经许可，不得以任何方式复制或抄袭本书之部分或全部内容。
版权所有，侵权必究。

图书在版编目（CIP）数据

UI设计必修课. Sketch移动界面设计教程 / 李万军编著. -- 北京：电子工业出版社，2017.9
ISBN 978-7-121-32410-9

Ⅰ.①U… Ⅱ.①李… Ⅲ.①人机界面—程序设计—教材 Ⅳ.①TP311.1

中国版本图书馆CIP数据核字（2017）第185547号

责任编辑：姜　伟
文字编辑：赵英华
印　　刷：中国电影出版社印刷厂
装　　订：中国电影出版社印刷厂
出版发行：电子工业出版社
　　　　　北京市海淀区万寿路173信箱　　邮编：100036
开　　本：720×1000　1/16　印张：15.75　字数：428.4千字
版　　次：2017年9月第1版
印　　次：2020年3月第6次印刷
定　　价：79.90元

凡所购买电子工业出版社图书有缺损问题，请向购买书店调换。若书店售缺，请与本社发行部联系，联系及邮购电话：（010）88254888或88258888。
质量投诉请发邮件至zlts@phei.com.cn，盗版侵权举报请发邮件至dbqq@phei.com.cn。
本书咨询联系方式：（010）88254161～88254167转1897。

前　　言

本书遵守广大设计者的需求，采用循序渐进的方式指引设计者了解并掌握Sketch 4设计制作移动UI的方法和技巧。本章共分为7章，采用逐级渗透的讲解方法，全面地向读者讲解Sketch 4的使用。

Chapter 01　移动UI设计师入门。主要讲解移动UI的发展、移动UI设计师的工作流程、iOS和Android设计特色、移动UI设计师应了解的基本常识等内容。

Chapter 02　初识Sketch。主要讲解Sketch的安装和启动，Sketch的欢迎介绍、Sketch的主界面、Sketch的快捷键、Sketch的系统偏好设置、Sketch的标尺、参考线和网格，以及Sketch的常见问题等内容。

Chapter 03　从线框原型开始。主要讲解线框原型的基本概念、绘制线框原型的注意事项、Sketch绘制线框原型、使用Sketch绘制线框原型和完整线框原型的绘制等内容。

Chapter 04　使用Sketch设计图标。主要讲解图标的设计准则、图标集的制作过程、使用Sketch插入面板、图形的布尔运算、绘制iOS App图标、绘制音乐应用图标和图标的源文件格式等内容。

Chapter 05　使用Sketch设计移动UI。主要讲解移动UI的设计原则、移动界面的色彩搭配与视觉效果、iOS应用界面设计规范、安卓界面及Material Design设计规范、移动界面中的色彩应用、文字的创建与编辑、使用共享样式、文字的导出、绘制iOS音乐播放器界面、绘制iOS社交App界面和绘制iOS支付App界面等内容。

Chapter 06　使用Sketch设计PC端网站UI。主要讲解网页设计PC端和移动端的区别、扁平化设计在UI设计中的应用、编辑绘制的图形、位图的编辑、应用样式、混合模式、组件、绘制企业PC端网站界面等内容。

Chapter 07　UI的输出与交互设计。主要讲解适配多分辨率移动界面、实现在设备上实时预览、分享设计稿、交付给开发的文件、使用Sketch切图、使用Sketch标注、设计移动交互动效、使用Sketch插件等内容。

本书的目的在于编写一本对读者真正有帮助的移动界面设计教材，让读者在阅读过本书以后可以轻松地掌握Sketch设计移动界面的方法，在制作移动界面的过程中起到事半功倍的作用。由于互联网的更新较快，书中所提供的网址仅供参考。

参与本书编写人员有高金山、张艳飞、鲁莎莎、吴潆超、田晓玉、佘秀芳、王俊平、陈利欢、冯彤、刘明秀、谢晓丽、孙慧、陈燕、胡丹丹、李万军。由于时间仓促，书中难免有错误和疏漏之处，希望广大读者朋友批评、指正，我们一定会全力改进，在以后的工作中加强和提高。

编著者

目 录

Chapter 01　移动UI设计师入门

1.1　移动UI设计的发展 2
  1.1.1　早期设计保证软件可用性 2
  1.1.2　中期设计保证软件易用性 2
  1.1.3　后期设计保证软件实用性 4
  1.1.4　未来UI设计的展望 5
1.2　移动UI设计师的工作流程 6
1.3　iOS和Android设计特色 7
  1.3.1　iOS的设计特色 7
  1.3.2　Android的设计特色 11
1.4　移动UI设计师应了解的基本常识 14
  1.4.1　移动UI设计中用到的单位 14
  1.4.2　iOS的界面设计规范 16
  1.4.3　Android的界面设计规范 18
  1.4.4　为触控而设计 20
  1.4.5　从iOS10的特点看设计趋势 20
1.5　专家支招 22
  1.5.1　移动UI设计师常用的设计工具有哪些？ 22
  1.5.2　什么是屏幕密度？ 23
1.6　本章小结 23

Chapter 02　初识Sketch

2.1　Sketch的安装和启动 26
  2.1.1　实战——安装Sketch 26
  2.1.2　实战——启动Sketch 27
2.2　Sketch的欢迎介绍 28
2.3　Sketch的主界面 29
  2.3.1　菜单栏 29
  2.3.2　工具栏 31
  2.3.3　工具介绍 33
  2.3.4　画布 33
  2.3.5　检查器 35
  2.3.6　图层 36
  2.3.7　画板 36

- 2.3.8 蒙版 37
- 2.3.9 布尔运算 37
- 2.3.10 组件与共享样式 37

2.4 Sketch的快捷键 38
- 2.4.1 Sketch的快捷键列表 39
- 2.4.2 实战——自定义快捷键 43

2.5 Sketch的系统偏好设置 44
- 2.5.1 通用选项卡 45
- 2.5.2 画布选项卡 46
- 2.5.3 图层选项卡 47
- 2.5.4 插件选项卡 48
- 2.5.5 预设选项卡 49
- 2.5.6 Cloud选项卡 49

2.6 Sketch的标尺、参考线和网格 49
- 2.6.1 标尺 49
- 2.6.2 参考线 50
- 2.6.3 网格 51

2.7 Sketch的常见问题 53
- 2.7.1 Sketch是否支持Windows系统？ 53
- 2.7.2 Sketch能否替代Photoshop？ 53
- 2.7.3 Sketch是否有汉化版 53
- 2.7.4 Sketch如何升级？ 53
- 2.7.5 Sketch价格能不能优惠？ 54

2.8 专家支招 54
- 2.8.1 Sketch怎么兼容低版本文件？ 54
- 2.8.2 Sketch是否有类似Axure的组件库的功能？ 55

2.9 本章小结 55

Chapter 03 从线框原型开始

3.1 线框原型的基本概念 58

3.2 绘制线框原型的注意事项 59
- 3.2.1 巧用明暗对比 59
- 3.2.2 不使用截图和颜色 60
- 3.2.3 标记第一屏高度 60
- 3.2.4 合理的布局和间距 61

3.3 Sketch绘制线框原型 61
- 3.3.1 文件的新建和保存 61
- 3.3.2 回到Sketch文档的历史版本 63
- 3.3.3 画板预设 64
- 3.3.4 画板检查器 65
- 3.3.5 图层面板 66

- 3.3.6 关于模板 ... 70
- 3.3.7 图层组的检查器 ... 71
- 3.3.8 形状图层的检查器 ... 73
- 3.3.9 文字图层的检查器 ... 76

3.4 使用Sketch绘制线框原型 ... 78
- 3.4.1 实战——计步App线框图的绘制 ... 78
- 3.4.2 实战——内容列表页线框图的绘制 ... 82

3.5 完整线框原型的绘制 ... 86
- 3.5.1 实战——注册页1线框图的绘制 ... 86
- 3.5.2 实战——注册页2线框图的绘制 ... 90
- 3.5.3 实战——注册页3线框图的绘制 ... 92
- 3.5.4 实战——注册页4线框图的绘制 ... 94

3.6 绘制线框原型的思考 ... 95

3.7 专家支招 ... 96
- 3.7.1 画好App线框图的要点有哪些？ ... 96
- 3.7.2 线框原型的优势有哪些？ ... 96

3.8 本章小结 ... 97

Chapter 04　使用Sketch设计图标

4.1 图标的设计准则 ... 100
- 4.1.1 图标设计的必要性 ... 100
- 4.1.2 了解图标的属性 ... 102
- 4.1.3 不同系统中的图标格式 ... 105
- 4.1.4 不同系统图标的更换方法 ... 105

4.2 图标集的制作过程 ... 109
- 4.2.1 创建制作清单 ... 109
- 4.2.2 设计草图 ... 109
- 4.2.3 数字呈现 ... 110
- 4.2.4 确定最终效果 ... 110
- 4.2.5 命名并导出 ... 111

4.3 使用Sketch插入面板 ... 111
- 4.3.1 插入矢量 ... 111
- 4.3.2 插入铅笔 ... 115
- 4.3.3 插入形状 ... 116
- 4.3.4 插入文本 ... 120
- 4.3.5 插入图片 ... 121

4.4 图形的布尔运算 ... 121

4.5 实战——绘制iOS App图标 ... 124

4.6 实战——绘制音乐应用图标 ... 128

4.7 图标的源文件格式 ... 132

4.8 专家支招 133
　　4.8.1 iOS系统中图标的尺寸 133
　　4.8.2 如何获得专业图标 134
4.9 本章小结 134

Chapter 05　使用Sketch设计移动UI

5.1 移动UI的设计原则 136
　　5.1.1 视觉一致性原则 136
　　5.1.2 视觉简易性原则 137
　　5.1.3 从为用户的考虑角度出发 137
5.2 移动界面的色彩搭配与视觉效果 138
　　5.2.1 冷暖色调的对比 138
　　5.2.2 色彩的意向 138
　　5.2.3 色彩的搭配技巧 139
　　5.2.4 App界面配色原则 140
　　5.2.5 App UI设计的用色规范 142
5.3 iOS应用界面设计规范 142
　　5.3.1 Sketch的iOS UI模板 143
　　5.3.2 模板使用的注意事项 144
5.4 安卓界面及Material Design设计规范 146
5.5 移动界面中的色彩应用 147
　　5.5.1 Sketch颜色面板的使用 148
5.6 文字的创建与编辑 157
　　5.6.1 文本的添加 158
　　5.6.2 文本的编辑 158
　　5.6.3 文本路径 160
　　5.6.4 文本转换轮廓 160
5.7 使用共享样式 161
5.8 文字的导出 163
5.9 实战——绘制iOS音乐播放界面 164
5.10 实战——绘制iOS社交App界面 168
5.11 实战——绘制iOS支付App界面 172
5.12 专家支招 176
　　5.12.1 移动界面中的文字使用技巧 176
　　5.12.2 移动界面中的色彩选择 177
5.13 本章小结 178

Chapter 06　使用Sketch设计PC端网站UI

- 6.1 网页设计PC端和移动端的区别 ... 180
  - 6.1.1 屏幕尺寸不同 ... 180
  - 6.1.2 操作方式不同 ... 180
  - 6.1.3 网络环境不同 ... 181
  - 6.1.4 传感器不同 ... 181
  - 6.1.5 使用场景和使用时间的不同 ... 181
  - 6.1.6 软件迭代时间和更新频率不同 ... 181
  - 6.1.7 功能设计上的区别 ... 181
- 6.2 扁平化设计在UI设计中的应用 ... 182
  - 6.2.1 图标和徽章 ... 182
  - 6.2.2 圆角和折角 ... 183
  - 6.2.3 标签和条纹 ... 184
  - 6.2.4 装饰元素 ... 185
- 6.3 编辑绘制的图形 ... 186
  - 6.3.1 分组和取消分组 ... 186
  - 6.3.2 编辑和变换图形 ... 187
  - 6.3.3 旋转图形 ... 187
  - 6.3.4 蒙版 ... 189
  - 6.3.5 剪刀与描边宽度 ... 192
- 6.4 位图的编辑 ... 192
  - 6.4.1 编辑位图 ... 193
  - 6.4.2 色彩校正 ... 195
- 6.5 应用样式 ... 195
  - 6.5.1 阴影 ... 195
  - 6.5.2 内阴影 ... 196
  - 6.5.3 模糊 ... 196
- 6.6 混合模式 ... 198
- 6.7 组件 ... 199
  - 6.7.1 创建组件 ... 200
  - 6.7.2 覆盖文本 ... 200
  - 6.7.3 管理组件 ... 201
- 6.8 实战——绘制企业PC端网站界面 ... 202
- 6.9 实战——绘制企业PC端网站界面 ... 205
- 6.10 专家支招 ... 215
  - 6.10.1 理解以用户为中心 ... 215
  - 6.10.2 界面设计中的内容与形式统一 ... 215
- 6.11 本章小结 ... 216

Chapter 07　UI的输出与交互设计

- 7.1 适配多分辨率移动界面 218
  - 7.1.1 适配安卓设备 218
  - 7.1.2 适配iOS设备 218
  - 7.1.3 使用自适应设计插件 218
- 7.2 实现在设备上实时预览 219
- 7.3 分享设计稿 219
- 7.4 交付给开发人员的文件 220
- 7.5 使用Sketch切图 221
  - 7.5.1 切片图层检查器 223
  - 7.5.2 点九切图 224
- 7.6 使用Sketch标注 227
- 7.7 设计移动交互动效 230
  - 7.7.1 了解移动设备的手势 230
  - 7.7.2 移动交互动效设计的注意事项 233
  - 7.7.3 常见的动效制作软件 234
- 7.8 使用Sketch插件 237
  - 7.8.1 插件的安装 237
  - 7.8.2 实用的插件 238
- 7.9 专家支招 240
  - 7.9.1 如何对移动界面进行标注 240
  - 7.9.2 常见角度动画效果 241
- 7.10 本章小结 242

01

Chapter

移动UI设计师入门

手机和电脑是当代社会人们接触和使用最为频繁的媒体类型之一。随着4G网络资费的下调，WiFi的进一步普及，移动设备在性能和网速上都与计算机等传统设备不断缩小差距。就目前而言，利用手机上网的比例已超过计算机。

本章知识点：
★ 了解移动UI设计的发展
★ 了解移动UI设计师的工作流程
★ 了解iOS和Android设计特色
★ 掌握移动UI设计师应了解的基本知识

1.1 移动UI设计的发展

移动 UI 这个名词大家都不陌生了,但是移动 UI 从何时起,又是为什么这么火的呢?大家接触移动 UI 这个名词是最近几年的事情,但是移动 UI 设计在设计行业一直存在。

1.1.1 早期设计保证软件可用性

在 2007 年苹果公司推出 iPhone 之前,世界上的手机大部分都是以键盘为主的,当时智能手机的市场以诺基亚和摩托罗拉为主。

当时的手机键盘设计较为单一,第 1 排和第 2 排一般是确定键、返回键、五维导航键和电话的接听与挂断键,顶部是信号栏,菜单和退出等功能按钮位置固定在下方,如图 1-1 所示为当时主流的几款智能手机。

图 1-1

> 提示:当时大部分智能手机运行的系统为塞班S60,除此之外,市场占有率较高的智能手机系统还有微软的 Windows Mobile以及黑莓BlackBerry OS。

当时手机上功能按钮的位置基本上是固定的,尤其是同一厂商生产的不同手机之间的操作几乎相同。但不同厂商生产的手机之间却有很大不同,比如从诺基亚手机换成摩托罗拉手机需要适应一段时间,因为两者的确定和退出按钮的顺序是完全相反的。

> 提示:移动UI设计需要满足的最低要求必须是可用的,如果当时手机厂商把功能菜单设计到屏幕的顶端,用户便无法通过按键选择,从而导致这个手机不可用。

1.1.2 中期设计保证软件易用性

早期和中期的转折点可以设定为2007年,那一年苹果公司发布了iPhone,如图 1-2所示,号称重新定义了手机。

> 提示:提到苹果手机重新定义了手机,是因为整个手机的正面只有一个按键(Home键),其余便是一整块屏幕,这在当时是无法想象的。

在苹果公司召开的发布会上,人们第一次看到 iPhone 时,整场惊叹声和掌声不断,这款完全使用触控操作,拥有流畅动效的手机彻底颠覆了人们对手机的认识。

2008 年,世界上第一款运行谷歌研发的安卓(Android)系统的手机 HTC Dream 发布,如图 1-3 所示。当时的安卓系统还非常不完善,甚至连虚拟键盘都不支持。

到 2009 年,全球首款搭载安卓 1.6 操作系统的手机 HTC Hero 发布,如图 1-4 所示,并且 HTC Hero 手机成为 2009 年度最受欢迎的手机。

图 1-2　　　　　　　　图 1-3　　　　　　　　图 1-4

在该阶段的 UI 设计,随着手机性能和屏幕分辨率的不断提升,界面的精细程度和动效得到了前所未有的提升。

相比 2007 年之前运行 Windows Mobile 系统的触屏手机,运行 iOS 和安卓系统的手机均使用了电容屏,即使没有触控笔也能精确点击,该阶段的 UI 均是为触控而生的。

> 提示:UI 界面设计结合对拇指热区的研究,以及使用眼动仪等设备来科学准确地定位用户的行为习惯,无论是图标还是界面都采用高度的拟物设计,通过对生活中物体的拟真来尽可能降低新用户的学习成本。

移动 UI 设计在满足可用的前提下,应尽可能地做到易用。易用包括极低的学习成本、极少的思索过程,以及可预见性的操作。

拟物化设计能够极大地降低学习成本,如图 1-5 所示。新用户在面对一个新事物时,能尽快上手,不需要或者尽量少地给出新手指导。极少的思索过程要求用户在使用一款软件的时候能用已经掌握的知识知道如何操作。

拟物化设计真实直观,减少用户辨识的时间,减少辨识的错误率。

拟物化设计虽然精美,但是设计制作较为复杂,同时容易引起审美疲劳。

图 1-5

手机在使用过程中是自然的、不需要花时间去思考的,用户在点击屏幕后出现的界面是符合他心理预期的。

1.1.3 后期设计保证软件实用性

到 2010 年,微软推出了移动操作系统 Windows Phone,如图 1-6 所示。全球第一款搭载 Windows Phone 操作系统的手机诺基亚 Lumia800 于 2011 年上市。

该手机操作系统的出现打破了 iOS 系统的理念,以一种不寻常的方式重新诠释了手机界面设计的含义。

Windows Phone 操作系统摒弃了拟物化的设计风格,以内容本身为主,大色块的方式进行表现,这是扁平化设计的前身。

图 1-6

提示: 该手机界面最大的特点是由动态磁贴构成,与 iOS 和安卓以应用为主要呈现对象不同,Metro 界面强调的是信息本身。

Windows Phone 的推出是 UI 设计史上一个重要的里程碑,虽然 Windows Phone 的市场份额非常少,但是却引发了人们对 UI 设计的思考。

2013 年苹果公司发布 iOS 7,如图 1-7 所示,将 iOS 的风格全面带入扁平化时代。而安卓则早在 2011 年发布的 Android 4.0 就有扁平化设计的趋势,更是在 2014 年发布的 Android 5.0 中全面应用了扁平化的设计方法,如图 1-8 所示,移动 UI 设计迈向了一个新的时代。

从图中可以清楚看出,iOS 7 图标正从拟物化向扁平化过渡

图 1-7

Android 5.0 中运用简单的高光和阴影效果,也属于过渡设计

图 1-8

现在移动 UI 的设计开始朝着扁平化和极简化的方向发展。以 iOS 为例，从 2007 年发布到 2013 年推出的 iOS 7 中间已经有近 7 年的时间，大部分用户已经完全熟悉 iOS 的基本操作，此时便可以不再需要拟物化的界面来降低用户的学习成本，反而建议通过更少的视觉干扰来让用户将注意力集中在内容本身。

现在的手机屏幕越来越大，一些大屏手机用户已经无法实现单手操作，这时候移动 UI 设计更是同手势的运用相结合，如 iOS 系统的左滑出现删除界面，下滑出现搜索界面等，满足可用的前提下，做到了易用的同时应追求好用。

> 提示：现在的移动UI设计更加理性和成熟，UI界面视觉元素占据界面比重越来越低，但是用户能在更少的时间获得更多的内容，并拥有了更加沉浸式的体验。

1.1.4 未来UI设计的展望

通过对移动 UI 发展史的大致介绍，可以看到移动 UI 设计追求的过程是一个从可用到易用到好用的过程，并且也注意到硬件的发展和局限同样对移动 UI 的设计有着至关重要的影响。

> 提示：判断一套UI是否优秀，视觉方面只是高层次的部分。我们首先应关注的是这套设计是否可行，毕竟设计界面的出发点，是为了解决用户的某个问题。

扁平化设计从最初 Windows Phone 理念的提出，到 2013 年 iOS 7 的出现，并且延续到了今天，扁平化的移动 UI 设计潮流已经坚持了很多个年头。就像拟物化设计一样，设计风格是随着时代潮流而改变的。

现在移动 UI 设计正朝着极简化的方法发展着，未来在 UI 设计中将会使用简单的图形和文字元素构成界面。如图 1-9 所示为一套极简化风格的移动 UI 设计作品。

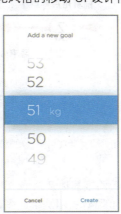

图 1-9

> 提示：精简设计风格会给用户一个干净、现代且功能突出的界面。想要分割、区分不同的元素，方法有很多，比如使用色块，控制间距，添加色彩和内容、适度的阴影、明快而易于聚焦的色块、充满呼吸感的间距，让不同的区块、内容都清晰地分隔在屏幕上不同的地方。

1.2 移动UI设计师的工作流程

和普通的 UI 设计师一样，一般来说，一个产品的开发大概包括以下过程：需求分析→交互原型→界面设计、研发→测试→上线这几个流程。各个公司根据自己研发团队的习惯有所不同，但是总体来说是大同小异。一个非常典型的工作流程如图 1-10 所示。

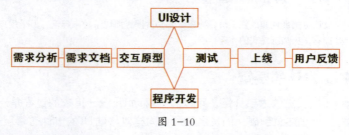

图 1-10

但是需要注意的是，虽然从上面的流程图来看，移动 UI 设计师的工作处于工作流的一部分，但是不代表 UI 的工作仅限于此。

移动 UI 设计师的工作流程基本上贯穿整个项目过程，从最基本的了解用户人群，再到需求分析和细化，再到线框图和交互设计，以及最终的用户界面设计，移动 UI 设计师都需要参与其中。如图 1-11 所示为移动 UI 设计师在各个流程中的作用。

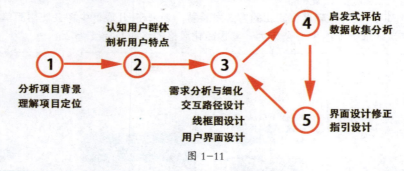

图 1-11

> 提示：参与到整个项目进程中，设计师能够更好地把握项目需求及其之间的层级关系，对用户特征有更为深切的理解，有利于在界面设计过程中，设计出布局合理、配色得当以及用户体验佳的作品。

通常情况下，根据公司规模以及对 UI 定位的不同，在同一流程中 UI 设计师所需要做的工作也可能不同。在中小型研发团队中，多数没有设置交互设计师岗位，这时候 UI 设计师还需要同时参与交互原型的设计。

一般来说，最有效率的工作模式是 UI 设计和程序开发同步进行，但是由于团队习惯的不同，通常情况下需要 UI 设计走在程序开发前面。

当 UI 设计完成后，在程序开发阶段 UI 设计师做的工作更多的是协助并监督程序开发人员对设计界面 1:1 的实现。

> 提示：建议所有的UI设计师在工作中可以适当对流程的各个节点的工作内容做一些了解，特别是产品研发前期，对需求分析得越深入，对需求文档理解得越透彻，设计出来的UI界面才能更加符合产品的定位，避免了反复修改，降低了沟通成本，提升了工作效率。

在产品上线后，不代表 UI 设计师工作就结束了，还应该多关注用户的反馈，并多做总结和思考，在产品的后期版本迭代中不断对界面设计进行优化。

大多数优秀的产品 UI 界面都不是一次成型的，而是在不断改进中慢慢变好的。作为一名移动 UI 设计师，要脚踏实地地设计好每个界面，平时多虚心听取他人的意见，要相信没有完美的界面，永远有值得改进的空间。

1.3 iOS和Android设计特色

移动 UI 设计师和其他设计师不同，设计的最终效果会受很多客观因素的影响，如不同平台的差异会对设计产生一些影响。

iOS 和 Android 是现在移动互联网的两个主流平台，如图 1–12 所示为 iOS 和 Android 系统界面。在设计的过程中，因为这两个平台的不同特性，往往要充分考虑设计兼容性，以满足不同平台的需求。

> 提示：从理论上来说，无论设计出什么样的界面，程序都可以实现出来。但是设计的UI界面越符合对应平台的设计规范，越能够降低用户的学习成本，提升用户体验。

iOS　　　　　　　　　　　　　　Android

图 1–12

1.3.1　iOS的设计特色

无论是重新设计旧的应用程序或创建一个新的，都可以考虑用以下这种方式完成工作。首先要准确凸显 UI 元素的核心功能，并明确元素之间的相关性。其次使用 iOS 的主题来定义 UI 并进行用户体验设计。完善细节设计，并进行适当修饰。最后，保证设计的 UI 可以适配各种设备和各种操作模式，使得用户在不同场景下都可以使用。

> 提示：在整个设计过程中，要打破惯例，提出问题，做出假设，让重点内容和功能激励每个设计决策。

1. 按照内容

尽管清新美观的 UI 和流畅的动态效果都是 iOS 体验的亮点，但内容始终是 iOS 的核心。通过以下几种方式可以确保你的设计不仅能够提升功能体验，又可以关注内容本身。

- 充分利用整个屏幕

天气应用是个绝佳范例，用漂亮的全屏天气图片呈现现在的天气，直观地向用户传达了最重要的信息，同时也留出空间呈现了不同时段的天气数据，如图 1-13 所示。

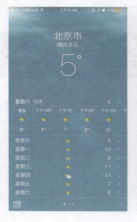

通过 iOS 10 系统天气界面可以看出，全屏天气带给用户的震撼力远比窗口界面要大得多，不仅体现出内容，而且兼顾了美观性。

图 1-13

- 用半透明 UI 元素样式来暗示背后的内容

半透明的控件元素可以提供上下文的使用场景，帮助用户看到更多可用的内容，并可以起到短暂的提示作用，如图 1-14 所示。

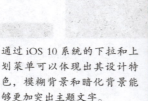

通过 iOS 10 系统的下拉和上划菜单可以体现出其设计特色，模糊背景和暗化背景能够更加突出主题文字。

图 1-14

> 提示：在 iOS 系统中，半透明的控件元素只让它遮挡住的地方变得模糊，看上去像蒙着一层米纸，但它并没有遮挡屏幕剩余的部分。

- 扁平化设计风格的运用

遮罩、渐变和阴影效果的运用会加重 UI 元素的显示效果，从而分散用户对内容的关注。相反，应该以内容为核心，扁平化风格的运用让用户界面成为内容的支撑，如图 1-15 所示。

大色块和扁平化的运用，减少了图标对文字内容的影响，突出内容为主的主题。

通过 iOS 10 系统的就寝和健康数据界面可以清楚地看出扁平化风格设计的运用。

图 1-15

2. 保证清晰

确保你的应用始终是以内容为核心的另一种方法是保证清晰度。这里有几种方法可以让最重要的内容和功能清晰可见，并且易于交互。

- 使用大量留白

留白不仅可以使重要的内容和功能更加醒目、更易理解，还可以传达一种平静和安宁的心理感受，它可以使一个应用看起来更加聚焦和高效，如图 1-16 所示。

- 让颜色简化 UI

内置的应用使用了同系列的系统颜色，这样一来，无论在深色或浅色背景上看起来都很干净和纯粹，如图 1-17 所示。

通过短信界面可以清楚看出，大量留白能够更加突出主题文字，让用户视线聚焦文字。

将重点文字高亮标出，能够起到突出的作用，整体颜色统一能够减少界面突兀的感觉。

图 1-16　　　　　　　　　　　图 1-17

> 提示：使用一个主题色，例如日历中使用了红色，高亮了重要区块的信息并巧妙地用样式暗示可交互性，也让应用有了一致的视觉主题。

- 通过使用系统字体确保易读性

iOS 的系统字体使用动态类型来自动调整字间距和行间距，使文本在任何尺寸大小下都清晰易读，如图 1-18 所示。

> 提示：无论用户是使用系统字体还是自定义字体，一定要采用动态类型，这样一来当用户选择不同字体尺寸时，系统的应用才可以及时做出响应。

- 使用无边框的按钮

在默认情况下，所有的栏上的按钮都是无边框的。在内容区域，通过文案、颜色以及操作指引标题来表明该无边框按钮的可交互性。当它被激活时，按钮可以显示较窄的边框或浅色背景作为操作响应，如图 1-19 所示。

图 1-18　　　　　　　　　　图 1-19

通过文字和颜色替代按钮的边框，更能够突出文字内容，提高界面的交互性。

3. 深度层次

iOS 经常在不同的视图层级上展现内容，用深度层次来进行交流，不但可以表达层次结构和位置，还可以帮助用户了解屏幕上对象之间的关系。

➢ 对于支持 3D 触控的设备，轻压、重压，以及快捷操作能让用户在不离开当前界面的情景下预览其他重要内容，如图 1-20 所示。

➢ 通过使用一个在主屏幕上方的半透明背景浮层，文件夹就能清楚地把内容和屏幕上其他内容区分开来，如图 1-21 所示。

在进行交互设计时，要替用户全面考虑，尤其是多任务的处理。

文件夹的使用，能够在很大程度上节约屏幕的空间，同时便于用户查找。

图 1-20　　　　　　　图 1-21

➢ 通过不同的层级来展示内容，例如用户在使用备忘录的某个条目时，那么其他的项就会被集中收起在屏幕的下方，如图 1-22 所示。

➢ 具有较深层次的应用还包括日历，例如当用户在翻阅年、月、日时，增强的转场动画效果给用户一种层级纵深感。在滚动年份视图时，用户可以即时看到今天的日期以及其他日历任务，如图 1-23 所示。

图 1-22　　　　　图 1-23

➢ 当用户选择了某个月份时，年份视图会局部放大该月份时，过渡到月份视图。今天的日期依然处于高亮状态，年份会显示在返回按钮处，这样用户可以清楚地知道他们在哪儿，他们从哪里进来以及如何返回，如图 1-24 所示。

➢ 类似的过渡动画也出现在用户选择某个日期时，月份视图从所选位置分开，将所在的周日期推向内容区顶端并显示以小时为单位的当天时间轴视图。这些交互动画增强了年、月和日之间的层级关系，以及用户的感知，如图 1-25 所示。

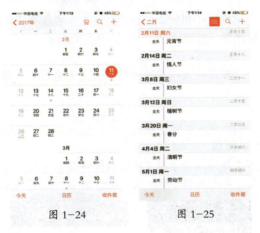

图 1-24　　　　　图 1-25

1.3.2　Android的设计特色

在设计 Android 界面之前，首先要先了解 Android UI 的设计特色，在整个设计过程中应当考虑将这些准则应用在自己的创意和设计思想中。除非有其他特殊的目的，否则尽量不要偏离。

1. 漂亮的界面

无论 UI 界面设计如何发展，美观始终是吸引用户的首要条件，在 Android UI 设计当中，可以通过以下几点来实现。

● 惊喜

漂亮的界面、精心设计的动画或悦耳的音效都能带来愉快的体验。精工细作有助于提高易用性和增强掌控强大功能的感觉,如图 1-26 所示。
- 真实的对象比菜单和按钮更有趣

让人们直接触摸和操控应用中的对象,这样可以降低完成任务时的认知难度,并且使得操作更加人性化,如图 1-27 所示。

界面的美观与否直接影响用户体验,优美的界面才能吸引用户。

图 1-26

图标的扁平化容易造成理解误差,因此在制作图标时,尽量贴近现实,减少出错的概率。

图 1-27

- 展现个性

人们喜欢个性化,因为这样可以使他们感受到自在和对应用的掌控力。提供一个合理而漂亮的默认样式,同时在不喧宾夺主的前提下尽可能提供有趣的个性化功能。

2. 便捷的操作

由于手机的发展速度迅猛,手机的功能也逐渐强大,便捷的操作就显得越来越重要,为了使用户更快地适应手机操作,需要通过以下几点来简化界面。

- 了解用户

逐渐认识人们的偏好,而不是询问并让他们一遍又一遍地做出相同的选择。将之前的选择放在明显的地方。

- 保持简洁

使用简洁的短句。人们总是会忽略冗长的句子,如图 1-28 所示。

- 展示用户所需要的选项

人们在同时看到许多选择时就会手足无措。分解任务和信息,使它们更容易理解。将当前不重要的选项隐藏起来,并让人们慢慢学习,如图 1-29 所示。

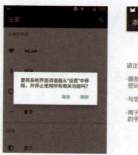

手机界面由于其特殊性,多数用户不希望在提示中看到过多的文字,言简意赅反而更符合用户心理。

图 1-28

一大段文字放在屏幕中会让用户无所适从,如果将其分条显示,会在一定程度上降低用户的厌恶感。

图 1-29

- 让用户了解现在在哪儿

让人们有信心了解现在的位置,进行耗时的任务时提供必要的反馈,如图 1-30 所示。

提示：通过色彩和图形的运用，使应用中的每个页面看起来都有些不同，同时使用一些切换动画体现页面之间的关系。

- 一图胜千言

尽量使用图片去解释想法，图片可以吸引人们注意并且更容易理解，如图 1-31 所示。

通过图标、按钮或者提示告知用户现在所处的位置，在一定程度上可以缓解用户焦躁的心理。

图 1-30

图 1-31

图片在多数情况下比文字更具有吸引力，为界面选择图片时需要下一些工夫。

- 实时帮助用户

首先尝试猜测并做出决定，而不是询问用户。太多的选择和决定使人们感到不爽。但是万一猜错了，允许"撤销"操作。

- 不弄丢用户信息

确保用户创造的内容被良好地保存起来，并可以随时随地获取。记住设置和个性化信息，并在手机、平板和电脑间同步。确保应用升级不会带来任何不良的副作用。

- 只在重要时刻打断用户

就像一个好的个人助理，帮助人们摆脱不重要的事情。人们需要专心致志，只在遇到紧急或者具有时效性的事情时打断他们。

3. 完善的工作流程

工作流程简单、操作便捷可以使用户花费在学习使用新软件的时间变短，同时，获取用户所需的信息时间也越短，主要有以下几种方法。

- 提醒用户小技巧

通过使用其他 Android 应用已有的视觉模式和通用的方法，让应用容易学习，如图 1-32 所示。

- 委婉提示错误

当提示人们做出改正时，要保持委婉和耐心，如图 1-33 所示。

提示：如果哪里错了，提示清晰的恢复方法，但不要让他们去处理技术上的细节。如果能够悄悄地搞定问题，那最好不过了。

很多手机界面使用技巧无法让用户全部接受，因此在后续使用时做出提示，方便用户学习。

图 1-32

图 1-33

提示错误的时候，采用委婉的话语，会让用户感到亲切感，提升界面的交互感。

- 帮助用户完成复杂的事

  帮助新手完成"不可能的任务"，让用户有专家的感觉。例如，通过几个步骤就能将几种照片特效结合起来，使得摄影新手也能创作出出色的照片。

- 简捷操作

  不是所有的操作都一样重要。先决定好应用中最重要的功能是什么，并且使它容易使用、反应迅速。例如，相机的快门和音乐播放器的暂停按钮。

1.4 移动UI设计师应了解的基本常识

在前面的知识中，向大家介绍了移动 UI 的发展、移动 UI 设计师的工作流程和不同平台的设计特色，相信大家对移动 UI 设计的基本概念已经有所了解，在正式开始移动 UI 的设计之前，有一些基本常识还需要介绍给大家。

1.4.1 移动UI设计中用到的单位

在移动 UI 设计中，用户经常接触到的单位有 5 种：inch、px、pt、dpi 和 sp，很多人对这 5 种单位有时分辨不清，在此做简单的介绍。

1. inch

inch 就是英寸，就是在日常生活中常说的长度单位，如 4 英寸手机屏幕、10 英寸平板电脑及 42 英寸液晶显示屏等，英寸是指屏幕对角的长度，如图 1-34 所示。

图 1-34

2. px

px 就是像素，是位图的基本单位，也经常在描述屏幕分辨率时使用该单位。1px 代表一个像素，我们通常所说的 iPhone 7 的分辨率为 750px×1 334px，则表示在该手机屏幕上，水平方向每行有 750 个像素点，垂直方向每列有 1 334 个像素点，如图 1-35 所示。

图 1-35

> 提示：Pixels Per Inch 也叫像素密度，所表示的是每平方英寸所拥有的像素数量。因此 PPI 数值越大，即代表显示屏能够以越大的密度显示图像。
> 在相同物理尺寸屏幕的设备上，分辨率越高，显示效果越清晰。因为对应的 PPI（每英寸拥有的像素数）也越大。PPI 的计算方法相对比较复杂，大家不必深入了解，明白含义即可。

3. pt

pt 就是磅，专用的印刷单位，大小为 1/72 英寸，是一个长度单位。在 iOS 开发中，特别是文字，经常使用该单位。

pt 和 px 之间有个换算单位，在 PPI 为 72 时，1pt=1px；而 PPI 为 144 时，1pt=2px。也就是说当我们使用 750px×1 334px 的尺寸进行设计时，将标注的文字尺寸给开发人员，一般他们会用除以 2 的数值。

> 提示：上面的解释就是本书中我们使用的设计软件 Sketch，采用1倍尺寸进行设计的原因。

4. dp

dp 也称为 dpi，指的是设备的独立像素。在安卓设备的开发中使用较多。以 PPI 为 160 的屏幕为标准，1dp=1px，dp 和 px 的换算公式为 dp×(PPI/160) =px。当 PPI 为 320 时，1dp=2px。

> 提示：为了简单起见，Android 把屏幕密度分为了4个广义的大小，即低（120dpi）、中（160dpi）、高（240dpi）和超高（320dpi），大家在进行设计时，只需对照相应尺寸进行换算即可。

5. sp

sp 就是可缩放独立像素，谷歌官方推荐文字使用该单位，非文字使用 dp 单位。sp 和 dp 类似，但是不同的是安卓系统里面可以设置文字大小，如果使用 sp 单位进行开发，则文字大小会随着系统文字大小改变，而使用 dp 则不会。

> 提示：有时候文字大小的变化会导致界面布局发生改变，所以建议大家可以根据文字内容选择使用 dp 还是 sp。如果是菜单和标题等文字，可以考虑使用 dp，如果是大篇的文本，如新闻类和短信类等文字内容，推荐使用 sp 为单位。

以上这些基本单位是构成 UI 设计的最基本的前提之一，要真正理解最好的办法是不断实践，大家可以将设计的界面导入手机查看以便加深理解。

对单位换算感到异常头疼的用户，可以尝试使用设计软件 Sketch，它拥有强大的插件支持，会自动进行换算，让单位的问题变得异常简单。

1.4.2　iOS的界面设计规范

相信iOS用户已经对内置应用的外观和行为非常熟悉,下面将为用户详细介绍iOS的界面设计规范,有助于进行标准的产品设计。

1. iOS 界面设计尺寸

界面尺寸是完成界面设计的前提,只有清楚地了解不同设备的设计尺寸,才能够设计出符合产品标准的应用。iOS 界面设计规范,如图 1-36 所示。

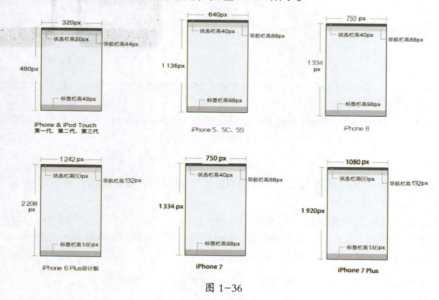

图 1-36

> 提示:目前,很多App设计师的App UI设计稿都是先做iPhone 7的,然后适配iPhone 7 Plus,也向下适配iPhone 6 和iPhone 6S的尺寸。

2. iOS 设计元素尺寸

不同设备的界面尺寸不同,那么其设计元素的大小也就各不相同,如表 1-1 所示。

表 1-1

设备	分辨率	状态栏高度	导航栏高度	标签栏高度
iPhone 7 Plus	1 080px × 1 920px	60px	132px	147px
iPhone 7	750px × 1 334px	40px	88px	98px
iPhone 6S Plus	1 080px × 1 920px	60px	132px	147px
iPhone 6S	750px × 1 334px	40px	88px	98px
iPhone 6	750px × 1 334px	40px	88px	98px
iPhone 5/5S/5C	640px × 1 136px	40px	88px	98px

从手机的设计尺寸上划分,iPhone 1、iPhone 2、iPhone 3 采用的是 @1x,iPhone 4、iPhone 4S、iphone 5、iPhone 5C、iPhone 5S、iPhone 6 为 @2x,iPhone 6S Plus 为 @3x。

现在很多游戏，按照 768px×1 136px 的像素尺寸来设计场景，这样可以同时兼容 iPad 和 iPhone，并只使用一倍图。iPhone 7 的分辨率是 750px×1 334px，iPhone 7 plus 的分辨率是 1 080px×1 920px，UI 设计人员设计的图稿并没有变化，iPhone 7 沿用二倍图（@2x）。

> 提示：就是说设计 iPhone 6 尺寸时，需要再切一个 @3x 给开发人员去做适配，例如一个 @2x 的素材大小为 44px×44px，那么相应的 @3x 大小分辨率为 66px×66px。

3. iOS 界面图标尺寸

在 iOS 应用中，图标作为动作执行的视觉表现，下面简单向用户介绍不同设备的界面图标尺寸，如表 1-2 所示。

表 1-2

设备	App Store	程序应用	主屏幕	spotlight 搜索	标签栏	工具栏和导航栏
iPhone 7 Plus	1 024px×1 024px	180px×180px	144px×144px	87px×87px	75px×75px	66px×66px
iPhone 7	1 024px×1 024px	120px×120px	144px×144px	58px×58px	75px×75px	44px×44px
iPhone 6 Plus	1 024px×1 024px	180px×180px	144px×144px	87px×87px	75px×75px	66px×66px
iPhone 6	1 024px×1 024px	120px×120px	144px×144px	58px×58px	75px×75px	44px×44px
iPhone 5/5S/5C	1 024px×1 024px	120px×120px	144px×144px	58px×58px	75px×75px	44px×44px
iPad 3/4/Air/Air2	1 024px×1 024px	180px×180px	144px×144px	100px×100px	50px×50px	44px×44px

图像最好为矢量图，放大 1.5 倍不变形。所有能点击的图片不得小于 44px。非矢量素材，就可以做尺寸最大的，之后再进行缩小。

4. iOS 界面文本尺寸

Apple 为全平台设计了 San Francisco 字体以提供一种优雅、一致的排版方式和阅读体验，在现阶段的 iOS 10 及未来的版本中，San Francisco 是系统字体。

> 提示：San Francisco 有两类尺寸，分别为文本模式（Text）和展示模式（Display）。文本模式适用于小于 20 点（points）的尺寸，展示模式适用于大于 20 点的尺寸。

当用户在 App 中使用 San Francisco 时，iOS 会自动在适当的时机在文本模式和展示模式之中切换。文本模式和展示模式在不同字号下的间距值分别如图 1-37、图 1-38 所示。

一个视觉舒适的 App 界面，字号大小对比要合适，并且各个不同界面大小对比要统一，其各个元素中的文本大小如下所示。

- ➢ 导航栏标题：大概 34~42px。如今标题越来越小，一般 34px 或 36px 比较合适。
- ➢ 标签栏文字：20~24px。iOS 自带应用都是 20px。
- ➢ 正文：28~36px。正文样式在大字号下使用 34px，最小也不应小于 22px。

> 通常，每一级文字大小设置的字体大小和行间距的差异是 2px。一般为了区分标题和正文字体大小差异至少为 4px。
> 标题和正文样式要使用一样的字体大小，为了将其和正文样式区分，标题样式使用中等效果。

@2x (144 PPI)下字号	字间距
6	41
8	26
9	19
10	12
11	6
12	0
13	-6
14	-11
15	-16
16	-20
17	-24
18	-25

图 1-37

@2x (144 PPI)下字号	字间距
20	19
22	16
28	13
32	12
36	11
50	7
64	3
80 以及以上	0

图 1-38

提示：关于字号大小的使用规律，最好选择比较好的应用截图，然后找出规律，直接套用即可。

1.4.3　Android的界面设计规范

在设计 Android 界面时，首先要对 Android 界面的元素有一定的了解和认识，才能够有助于进行标准的产品设计。

1. Android 界面图标设计尺寸

由于 Android 系统涉及的手机种类非常多，所以屏幕尺寸很难统一，不同屏幕尺寸对应的界面元素尺寸如表 1-3 所示。

表 1-3

屏幕尺寸	启动图标	操作栏图标	上下文图标	系统通知图标	最细笔画
320px × 480px	48px × 48px	32px × 32px	16px × 16px	24px × 24px	不小于 2px
480px × 800px 480px × 854px 540px × 960px	72px × 72px	48px × 48px	24px × 24px	36px × 36px	不小于 3px
720px × 1 280px	48dp × 48dp	32dp × 32dp	16dp × 16dp	24dp × 24dp	不小于 2px
1 080px × 1 920px	144px × 144px	96px × 96px	48px × 48px	72px × 72px	不小于 6px

提示：Android设计规范中，使用的单位是dp，dp在安卓手机上不同的密度转换后的px是不一样的。

在设计图标时，对于 5 种主流的像素密度（MDPI、HDPI、XHDPI、XXHDPI 和 XXXHDPI）应按照 2∶3∶4∶6∶8 的比例进行缩放。

例如，一个启动图标的尺寸为 48dp×48dp，这表示在 MDPI 的屏幕上其实际尺寸应为 48px×48px，在 HDPI 的屏幕上其实际大小是 MDPI 的 1.5 倍（72px×72px），在 XDPI 的屏幕上其实际大小是 MDPI 的 2 倍（96px×96px），以此类推。

> 提示：虽然Android也支持低像素密度（LDPI）的屏幕，但无须为此费神，系统会自动将HDPI尺寸的图标缩小到1/2进行匹配。

2. Android 界面基本组成元素

Android 的 App 界面和 iPhone 的基本相同，其包括状态栏、导航栏、主菜单栏以及中间的内容区域，由于 Android 的界面尺寸较多，下面就以 1 082×1 920 的尺寸设计为标准，简单介绍其界面基本组成元素的设计尺寸，如图 1–39 所示。

不同的操作系统基本元素组成的尺寸也不同，需要根据实际情况进行调整。

由于现在手机的屏幕分辨率逐渐提高，低分辨率的手机逐步被淘汰，因此此处使用该尺寸进行介绍。

图 1–39

> 提示：由于考虑到在Android中控件的高度都能够用程序进行自定义，因此没有涉及具体的尺寸数值，所以以上尺寸仅供用户进行参考。

3. Android 文本规范

Android 系统中，Droid Sans 是默认字体，与微软雅黑很像。为不同控件引入字体大小上的反差有助于营造有序、易懂的排版效果。但在同一个界面中使用过多不同的字体大小则会造成混乱。Android 设计框架使用以下有限的几种字体大小，如图 1–40 所示。

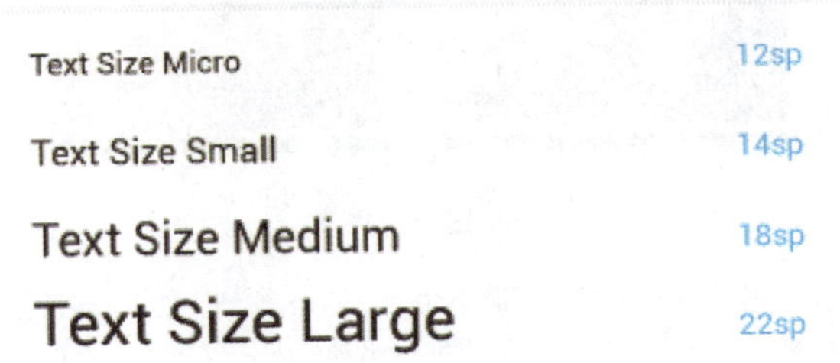

Text Size Micro	12sp
Text Size Small	14sp
Text Size Medium	18sp
Text Size Large	22sp

图 1–40

用户可以在"设置"中调整整个系统的字体大小。为了支持这些辅助特性，字体的像素应当设计成与大小无关的，称为 sp。排版的时候也应当考虑到这些设置。经过调查显示，用户可接受的文字大小如表 1–4 所示。

表 1-4

		可接受下限 （80%用户可接受）	最小值 （50%以上用户认为偏小）	舒适值 （用户认为最舒适）
Android 高分辨率 （480×800）	长文本	21px	24px	27px
	短文本	21px	24px	27px
	注释	18px	18px	21px
Android 低分辨率 （320×480）	长文本	14dp	16px	18~20px
	短文本	14px	14px	18px
	注释	12px	12px	14~16px

> 提示：Android的界面尺寸比较流行的有：480×800、720×1 280、1 080×1 920，用户在做设计图的时候建议以480×800的尺寸为标准。

1.4.4 为触控而设计

在本章开始的部分介绍移动 UI 界面发展的时候，用户应该清晰感受到了移动 UI 的设计受硬件的影响很大，本书之后所有讨论的移动 UI 设计均是为触屏设备而设计的。这便要求用户设计的界面不仅是可点击的，而且是容易点击的。

一般来说，我们在设计一个按钮或者一个可点击范围时，点击区域应在 30pt 以上，一个比较合适的尺寸是 44pt。若可触控区域低于 40px，手指大于触控区域，很可能会发生误触情况，如图 1-41 所示。

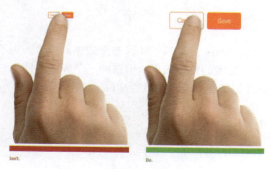

图 1-41

> 提示：经过科研人员对大量数据的研究，得出"最小40px"的概念。即在Retina设备上，可点击的范围不应低于40px，即20pt，否则就是难以点击的。但随着手机屏幕越来越大，分辨率的不断提升，现在已经将该数值提升到了30pt。

1.4.5 从iOS10的特点看设计趋势

移动 UI 设计的一个重要特点便是多分辨率的适配。从 iOS8 开始苹果便提倡使用自适应布局。

这就要求我们对自适应布局及响应式设计等知识有所了解。图1-42和图1-43分别是iOS10系统主界面在iPhone 5和iPhone 7上的显示效果。

根据左右两个界面的对比，可以清楚地看出其中的不同，由于屏幕尺寸不同，界面中图标大小发生变化，同时通过调整图标间距，使界面实现自适应。

图 1-42　　　　　　　图 1-43

提示：自适应布局，通俗地讲便是一套界面在不同尺寸屏幕上均能得到较好的显示效果，界面根据屏幕大小自动适配呈现最佳显示效果。

在iPhone 6 Plus上，一些应用程序开始支持横屏模式。在iOS中，横屏模式不是简单地从竖屏到横屏的切换，而是有非常强的逻辑性的版块切换及布局。图1-44所示的是系统自带的天气应用界面分别在竖屏模式和横屏模式的效果。

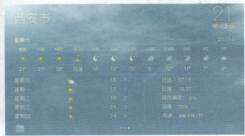

横屏模式打开天气App，气温显示会被放在右上角，显示的天气内容也更加全面，如之前要向下滑动才会显示的日出/日落时间、降雨概率、湿度等信息可以直接显示在屏幕右侧。

图 1-44

2015年发布了iPhone 6S，最大的一个特点是硬件支持3D Touch技术。该技术可以让用户更方便地对内容进行预览，如图1-45所示。

图 1-45

提示：3D Touch是苹果iPhone 6S屏幕上采用的新触控技术，被称为新一代多点三维触控技术。用力按一个图标会弹出一个半透明菜单，里面包含了该应用下的一些快捷操作，功能类似PC上的鼠标右键菜单。

由此可以预见今后将会有更多的手机支持该技术，现在市场上已经有了大量支持3D Touch技术的App。

互联网产品迭代速度非常快，作为移动UI设计师，在第一时间熟悉最新的技术并将其运用于实际工作中，是很有必要的。

1.5 专家支招

通过本章学习，相信大家对移动UI设计师有了一定的了解，下面为用户解答两个常见的问题。

1.5.1 移动UI设计师常用的设计工具有哪些？

在制作移动UI的过程中，比较常用的界面设计软件有Photoshop、Illustrator、Sketch和3DS Max等，利用这些软件各自的优势和特征，可以分别用来创建UI界面中的不同部分。此外Iconcool Studio和Image Optimizer等小软件也可以用来快速创建和优化图像，如图1-46所示。

Photoshop　　　　　　　　　　　　　Illustrator

Sketch　　　　　　　　　　　　　3DS MAX

图1-46

Image Optimizer

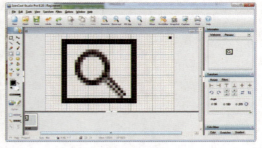
Iconcool Studio

图 1-46（续）

1.5.2　什么是屏幕密度？

上文中提到了屏幕密度这个词，屏幕密度又叫作 PPI，是图像分辨率所使用的单位，意思是在图像中每英寸所包含的像素数目。

从手机界面设计的角度来说，图像的分辨率越高，所打印出来的图像也就越细致与精密。实践证明，PPI 低于 240 可以让人察觉到明显的颗粒感，PPI 高于 300 则无法察觉。理论上讲 PPI 超过 300 才没有颗粒感。

屏幕的清晰程度其实是由分辨率和尺寸大小共同决定的，用 PPI 指数衡量屏幕清晰程度更加准确。屏幕密度的计算方法如图 1-47 所示。

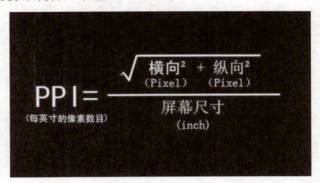

图 1-47

1.6　本章小结

作为一名移动 UI 设计师，不应该永远只着眼于设计本身，有时候应该跳出来多看看，毕竟 UI 是感性与理性的结合，尽可能地通过对 UI 界面的优化提升用户体验。深入了解设计规范，以及多去观摩优秀的 App 设计，并对新技术积极地了解和学习。

02

Chapter

初识Sketch

　　Sketch 是一款适合所有设计师使用的矢量绘图应用。Sketch 是为图标设计和界面设计而生的，它是一个有着出色 UI 的一站式应用，所有你需要的工具都触手可及。矢量绘图也是目前进行网页、图标及界面设计的最好方式。但除了矢量编辑的功能之外，该软件同样添加了一些基本的位图工具，比如模糊和色彩校正。

本章知识点：
- ★ 掌握Sketch的安装和启动
- ★ 了解Sketch的界面特点
- ★ 熟悉并掌握Sketch的快捷键
- ★ 了解Sketch中常见的问题

2.1　Sketch的安装和启动

　　当一个陌生的软件出现在用户面前时，首先面临的问题就是如何在电脑上安装该软件。首先需要注意的是，Sketch是一款Mac OS系统独占软件，且该软件需要运行在OSX10.11及以上的系统。满足这两个条件后便可以去下载并安装Sketch了。

2.1.1　实战——安装Sketch

最终文件	无
视频	视频\第2章\2-1-1.mp4

步骤 01 在浏览器中输入Sketch的官网地址http://www.sketchapp.com/，打开Sketch的官方网站，如图2-1所示。在官方网站中单击Download Free Trial按钮便可下载试用版，如图2-2所示。

图2-1　　　　　　　　　　　　　　图2-2

> 提示：Sketch提供一个月的免费试用期，试用版的功能和正式版的功能无任何区别。当然，大家也可以单击Buy Now for $99按钮直接付费购买，付费页面是中文的，并且支持支付宝付款，十分方便。

步骤 02 下载完成后得到一个大小为23.15MB的sketch.zip文件，解压后得到如图2-3所示的黄色钻石图标文件，然后将该文件拖入应用程序文件夹中，如图2-4所示，便完成Sketch的安装。

图2-3　　　　　　　　　　　　　　图2-4

步骤 03 安装完Sketch后，可以从两个地方找到Sketch，一个是应用程序文件夹中，如图2-5所示；另一个是在Launchpad中，即按F4键，在屏幕上左右滑动，即可找到Sketch图标，如图2-6所示。

图 2-5　　　　　　　　　　　　　　图 2-6

> 提示：Sketch官方在2015年12月2日宣布退出Mac App Store，于是在官网下载成为安装Sketch的唯一途径。

2.1.2　实战——启动Sketch

最终文件	无
视频	视频\第2章\2-1-2.mp4

步骤 01 在Launchpad中，在屏幕上左右滑动，找到并单击Sketch图标，如图2-7所示。单击后会弹出如图2-8所示的对话框。

图 2-7　　　　　　　　　　　　　　图 2-8

步骤 02 根据需要选择任意一种模板，如图2-9所示，单击Choose按钮，即可进入主界面，如图2-10所示。

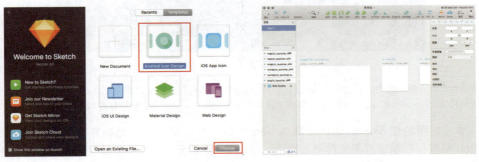

图 2-9　　　　　　　　　　　　　　图 2-10

步骤 03 打开后在窗口下面的Dock中即可看到该软件的图标。为了方便起见,建议用户用鼠标右键单击该图标,然后在弹出的菜单中选择"在Dock中保留"选项,如图2-11所示。

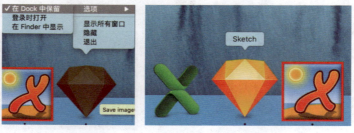

图 2-11

> **提示:** Dock一般指的是苹果操作系统中的停靠栏,它位于窗口的最下面。其主要作用是方便用户快速访问App。

> **提示:** 设置完成后,退出Sketch后,Sketch也能保留在Dock中,方便以后快速找到并打开该软件。

2.2 Sketch的欢迎介绍

安装完 Sketch 后,第一次打开该软件,会发现屏幕上两个地方发生了变化,一个是顶部出现了菜单栏,另一个是出现了欢迎窗口,如图 2-12 所示。

图 2-12

> **提示:** 本书的后续内容中,通过使用Sketch进行界面和图标等设计时,将会详细介绍Sketch的全部知识点,在本节中只是介绍Sketch的界面布局,希望用户对该软件有个初步了解,对各版块的详细内容不做深入介绍。

本书使用的是 Sketch 的最新版本 Verson42,此次更新更多地摒弃了拟物化的图标,Sketch 的图标和欢迎界面变得更加简洁,如图 2-13 所示。单击 OK 按钮则关闭欢迎界面并创建一个新的 Sketch 文档。

图 2-13

提示：右上部分Templates是快速打开Sketch模板的地方，在这里可以快速打开iOS界面设计模板、iOS图标模板及网页设计模板。Sketch非常强大的一个功能是软件集成了常用的UI模板。

2.3 Sketch的主界面

　　Sketch 完全遵循了 Mac 系统的软件设计规范，如果大家使用过苹果公司的 iWork 软件 Pages、Numbers 和 Keynote，会对这样的页面布局很熟悉。

　　Sketch 的界面主要由菜单栏、工具栏、检查器、图层、画板及画布组成。Sketch 的工具栏在界面顶部，包含设计中所需要的常用工具。

　　检查器在界面的右侧，设计师可以在此调整已选择图层的参数。界面的左侧包含所有的图层和画板，画布在界面中间，如图 2-14 所示。

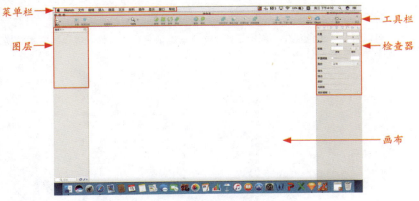

图 2-14

2.3.1 菜单栏

　　上图中顶部区域为该软件的菜单栏，如图 2-15 所示。Mac 系统上所有软件的菜单栏都会在顶部左侧，该部分内容会随着当前激活的软件而自动变更。

图 2-15

> **提示：** 菜单栏中最左侧的苹果图标是无论什么软件的菜单栏都会出现的，这是系统菜单，与软件无关。

除左侧苹果图标外，从左到右分别是 Sketch、文件、编辑、插入、图层、文本、排列、插件、显示、窗口和帮助。

> - Sketch：此处菜单功能和苹果图标功能类似，只是这是针对 Sketch 软件本身的。可以从关于 Sketch 菜单中看到 Sketch 当前版本，可以进行偏好设置、检查更新、连接 Mirror 及退出等操作，如图 2-16 所示。
> - 文件：这个菜单和其他常见的设计软件的文件菜单功能相似，提供新建、打开、保存、导出和打印设置等功能，如图 2-17 所示。
> - 编辑：该菜单可以对文档进行重做、剪切、拷贝、粘贴、选取颜色和拷贝 CSS 属性等操作，如图 2-18 所示。

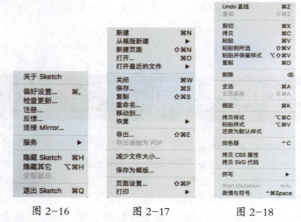

图 2-16　　图 2-17　　图 2-18

> - 插入：此菜单可以提供快速插入形状，以及使用钢笔工具、铅笔工具和符号等功能，如图 2-19 所示。
> - 图层：可以对图层进行操作，包括创建组件、布尔运算、变换、路径及蒙版等功能，如图 2-20 所示。
> - 文本：可以对文字进行操作，包括设置文本样式、调整文本属性，以及将文本转换为轮廓和路径文本等，如图 2-21 所示。

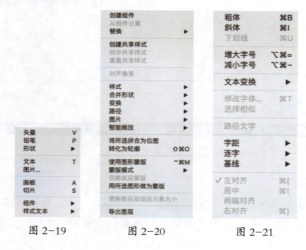

图 2-19　　图 2-20　　图 2-21

- ➢ 排列：可以快速将图层进行对齐，以及进行移动图层的顺序、锁定图层、隐藏图层和将图层编组等操作，如图 2-22 所示。
- ➢ 插件：Sketch 的插件功能为 Sketch 提供了无限的可能，可以对插件进行安装和删除等管理操作，以及执行某个插件，如图 2-23 所示。
- ➢ 视图：可以对图层列表和检查器等进行隐藏或者显示的设置，如图 2-24 所示。

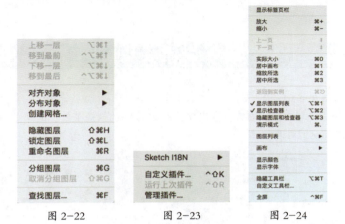

图 2-22　　　　图 2-23　　　　图 2-24

- ➢ 窗口：可以对 Sketch 界面进行最小化、缩放和前置等操作，如图 2-25 所示。
- ➢ 帮助：可以找到 Sketch 的官方使用手册、欢迎窗口、访问支持网页及联系到开发人员等，如图 2-26 所示。

图 2-25　　　　　　图 2-26

用户可以发现，Sketch 的菜单栏和大部分常用的设计软件甚至是一般软件的菜单栏的设置相似，除了插件菜单比较特殊外，其他的功能基本上从字面上就可以理解。

在下拉菜单命令的右侧，会有字母或者特殊符号和字母。这是快速执行该命令的快捷键。

> 提示：在以后会详细介绍Sketch的快捷键，建议用户接触Sketch的时候就尽量使用快捷键进行操作，这样即便Sketch是英文软件也丝毫不会影响操作，并且设计的效率也会提高很多。

2.3.2　工具栏

在菜单栏下方的区域为 Sketch 的工具栏，如图 2-27 所示。用户可以将工具栏简单理解成该软件常用工具的快捷入口。要执行某一功能，只需选中图层后单击该功能在工具栏上的图标即可。

图 2-27

> 提示：除了Sketch工具栏上默认的工具外，用户也可以对工具栏进行自定义，将常用的工具放在工具栏上。

如果需要自定义工具栏，用户可以将光标移动到工具栏所在区域，然后单击鼠标右键，在弹出的快捷菜单中选择"自定义工具栏"选项即可，如图2-28所示。

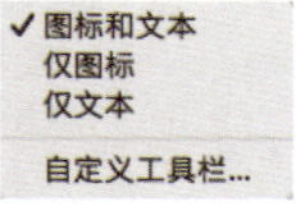

图 2-28

实战——自定义工具栏

最终文件　无
视频　　　视频\第2章\2-3-2.mp4

步骤 01 在工具栏空白处单击鼠标右键，弹出如图2-29所示的快捷菜单。选择"自定义工具栏"选项，弹出如图2-30所示的对话框。

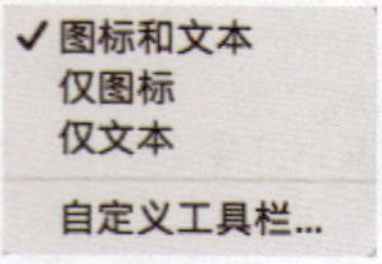

图 2-29 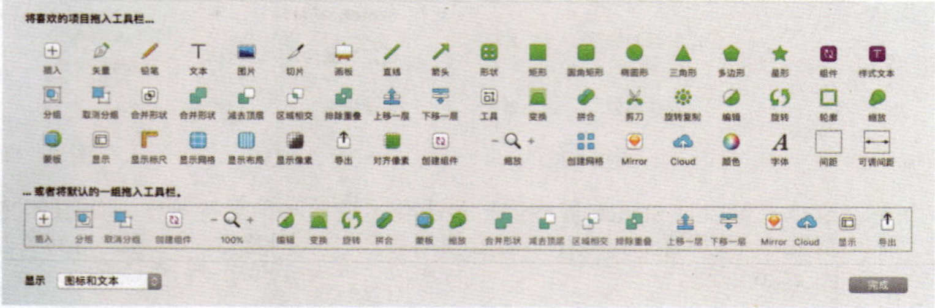　　　　　　　　　　　　图 2-30

步骤 02 选择想要拖入工具栏的工具，直接向上拖动到工具栏上，如图2-31所示。单击"完成"按钮，即可完成自定义工具栏的操作。

图 2-31

步骤 03 如果要将工具栏上的工具删除，只需执行相反操作，即选中需要删除的工具并拖曳到工具栏之外的地方放手，会看到一个烟雾消失的动效即表示删除成功，如图2-32所示。

步骤 04 对话框下面有一组被矩形框隔离出来的工具条，该工具条是系统默认工具栏上的工具，如果需要恢复工具栏的默认工具，只需将该矩形框选中拖曳到工具栏即可，如图2-33所示。

图 2-32　　　　　　　　　　　　图 2-33

用户可以在对话框最下面的"显示"下拉列表中选择工具栏上工具的显示效果。有3种样式可供用户选择：图标和文本、仅图标和仅文本，如图2-34所示。用户可根据习惯进行设置。

工具栏的隐藏与显示的快捷键是command+option+T，或者执行"显示＞隐藏工具栏"命令进行切换，如图2-35所示。

提示：工具栏上的工具大部分是有快捷键的，建议大家尽量使用快捷键进行操作，工具栏上只需设置一些较常用但快捷键比较复杂的工具即可。

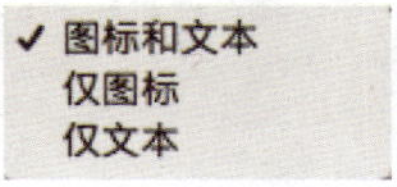

图 2-34 　　　　　图 2-35

2.3.3　工具介绍

Sketch 中有 60 多个工具，每一个工具都能够单独完成一项任务，设计过程中多是工具的综合运用，下面给用户简单介绍一下 Sketch 中的工具。

> 插入：能够选择矢量、铅笔、文本、形状、图片、切片、画板、组件和样式文本等工具，并使用这些工具进行设计，如图 2-36 所示。

> 图形：图形中包含直线、箭头、矩形、圆角矩形、椭圆形、三角形、多边形和星形，如图 2-37 所示。

图 2-36　　　　　图 2-37

> 布尔运算（联合）：包含合并形状、减去顶层、区域相交及排除重叠等工具，如图 2-38 所示。

图 2-38

2.3.4　画布

Sketch 的画布能够无限延展，设计师对于画布的使用拥有绝对的自由。在设计移动应用界面时,很多设计师会为应用的每一屏都创建一个画板,然后排列出来以便查看。这样,设计师能够快速地查看当前设计中的界面,如图 2-39 所示。

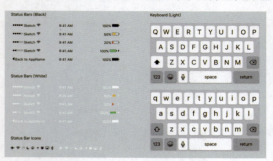 

图 2-39

> 提示:按快捷键 command+.或者执行"显示>演示模式"命令可进入演示模式。在该模式下,画布布满整个屏幕,在展示设计界面时可以获得更好的显示效果。

用户可以用无限精准的分辨率无关模式来查看画布,或打开像素模式来查看每一个像素导出为 JPG 或者 PNG 文件后的样子,如图 2-40 所示。

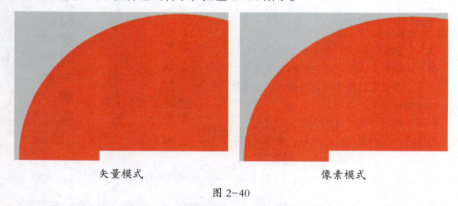

图 2-40

> 提示:有些效果,比如模糊,会自动将画布的一部分以像素模式显示,因为模糊本身就是一个基于像素的效果。

当用户需要查看页面中的局部时,可以单击 Sketch 操作界面顶部的"缩放"按钮左侧的减号按钮。单击右侧的加号按钮,可以逐级放大页面,双击中间的放大镜图标,可以 100% 显示当前页面,如图 2-41 所示。

图 2-41

除了单击缩放按钮以外,还可以按下快捷键 command++ 实现页面的放大效果,按下快捷键 command+- 实现页面的缩小效果。

> 提示:当页面放大后,用户可以通过按下空格键的同时拖动查看页面其他位置的效果。测试光标将自动变成小手图标。

2.3.5 检查器

软件界面右侧的检查器能让用户对正在编辑的图层,有时是正在使用的工具,进行参数调整。当用户选中任意图层时,会发现检查器被划分为几个区域。

1. 通用属性

通用图层在检查器的顶部,包括:图层位置、大小、旋转角度、半径、混合模式及几个特殊选项(取决于图层类型),比如调整矩形圆角和多边形的不同点模式,如图 2-42 所示。

2. 式样属性

边框和填充属性都有独自的编辑区域。要添加一个新的填充或者边框,可以勾选式样属性区域右上方的"+"新建一个。创建之后,具体的属性也会显示出来。属性有填充颜色、混合模式及不透明度等,如图 2-43 所示。

添加新的填充或者边框,选择颜色的时候,会弹出一个颜色适配器,如图 2-44 所示。

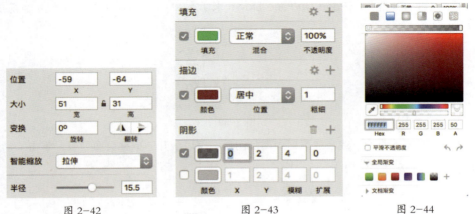

图 2-42　　　　　　　图 2-43　　　　　　　图 2-44

在检查器的左边通过勾选/取消勾选复选框,开启/关闭任意填充或者边框。当一个或者更多填充/边框关闭的时候,可以单击右上角的"垃圾箱"图标将其删除,如图 2-45 所示。也可以单击"设置"图标,来改变每个填充/边框的选项,如图 2-46 所示。

图 2-45

图 2-46

2.3.6 图层

图层列表列出了当前画布中的所有图层（切片和面板），每个图层都会有一个小图标作为预览。用户可以在这里查看涂层是否被锁定、是否可见、是否使用了蒙版或标记为可导出；还可以重新排列图层，或者给图层添加布尔运算，比如减去顶层形状；对图层进行编组或者重命名来管理它们，如图2–47所示。

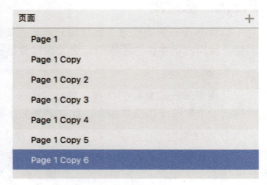

图 2–47

Sketch 支持多页面操作，用户可以在图层列表上面的按钮里面添加/删除或者转换到其他页面（或者用键盘上的 Page Up/Page Down 来切换）。图层列表始终只会显示当前页面的图层，如图2–48所示。

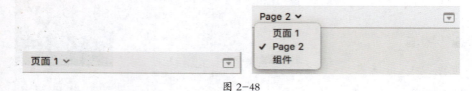

图 2–48

要添加/删除页面，或者在页面中添加图层，可以展开/折叠页面列表，单击"+"图标新建页面，如图2–49所示。

图 2–49

选中页面，按 Delete 键可以删除页面。单击鼠标右键，在弹出的快捷菜单中选择"删除页面"选项，也可以删除页面。另外，通过"复制页面"选项可以复制页面，如图2–50所示。可以通过拖动操作改变页面的顺序，也可以从一个页面拖动图层至另外一个页面，如图2–51所示。

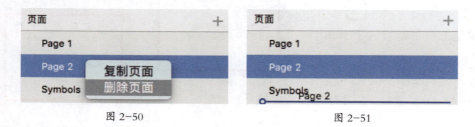

图 2–50　　　　　　　　　　图 2–51

2.3.7 画板

在图层列表里，有白色背景一栏的便是画板，用户可以把画板看作设计中的顶层对象，所以一个画板不能被嵌入另一个画板，如图 2-52 所示。

图 2-52

2.3.8 蒙版

在图层列表里，凡是使用了蒙版的图层名称前面会有一个向下的箭头，它的蒙版则是底下紧接着不带箭头的图层，如图 2-53 所示。

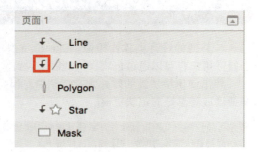

图 2-53

2.3.9 布尔运算

每个图形都可以包含多个子路径，它们会以组的形式呈现在图层列表中，伴随一个下拉箭头显示具体的子路径。每一层子路径都可以单独设置布尔运算，决定和它的下一图层以什么方式组合。图层列表能清晰地展现子路径的组合方式，同时方便用户随时调整更改，如图 2-54 所示。

图 2-54

2.3.10 组件与共享样式

组件是一种特殊的组，它们可以出现在文件的多个地方。符号会以紫色旋转图标呈现在图层列表中，正常编组则是蓝色的文件夹，如图 2-55 所示。

图 2-55

共享样式可以使多个对象（图形及文本）的样式保持一致，如果一个图形或者一段文本使用了共享样式，它们的预览小图标会显示为紫色，而不是标准的灰色，如图 2-56 所示。

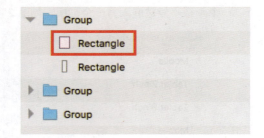

图 2-56

2.4 Sketch的快捷键

与其他的设计类软件相似，Sketch 的大部分功能都有快捷键，就算没有预设快捷键的功能，用户也可以通过自定义快捷键来设置。

相信使用快捷键的好处大家都明白，但是很多人却因为使用软件产生习惯而不会去使用快捷键或者总是忘记快捷键。

> 提示：建议用户从刚接触软件开始就养成使用快捷键的习惯，当需要使用某个工具的时候要习惯不去菜单中查找而是直接按该功能的快捷键，这样用不了多久便能把使用快捷键变成一种习惯。

在介绍快捷键之前，为了保证电脑不在身边的用户能够更快地进行学习，将苹果电脑键盘展示给大家，对键位不熟悉的用户可以参照，如图 2-57 所示。

图 2-57

对于 Sketch 来说，熟练使用快捷键工作效率会提升一大截，下面为用户列举 Sketch 中通用的快捷键。

- control+H：触发选区手柄
- control+L：触发自动参考线
- control+G：触发网格

- ➢ Space：抓手工具
- ➢ enter：编辑所选图层
- ➢ +3：滚动至所选图层
- ➢ +2：放大所选图层
- ➢ Z：按住 Z 键，用鼠标单击可以拖曳出一个区域放大；按住 alt+Z 键单击则可以将其缩小
- ➢ esc：退出当前工具，取消选择所有图层或返回检查器
- ➢ tab/shift + tab：在当前群组中切换不同图层

除了通用的快捷键，其他快捷键不建议大家死记硬背，而是希望用户在需要使用某个工具的时候，尽量使用快捷键执行，如果不记得可以在本节的快捷键列表中进行查询，或者直接在菜单选项的右侧看到相应的快捷键，相信这样反复几次之后自然会记住。

> 提示：按住shift键可以绘制正方形和圆形，按住shift键并按方向键可以10倍的速度移动或变更属性数值。

2.4.1 Sketch的快捷键列表

快捷键的熟悉和熟练运用需要长时间进行磨合，为了方便用户进行查询，本书将软件中包含的快捷键按照功能分类后进行列举，用户在遗忘时可以进行查询。

- 文件相关快捷键如表 2-1 所示。

表 2-1

名称	快捷键
新建	command+N
新建页面	shift+command+N
打开	command+O
关闭	command+S
保存	command+W
复制	shift+command+S
导出	shift+command+E
页面设置	shift+command+P

- 编辑相关快捷键如表 2-2 所示。

表 2-2

名称	快捷键
Undo 移动图层	command+Z
重做	shift+command+Z
剪切	command+X
拷贝	command+C
粘贴	command+V
粘贴到所选	shift+command+V

（续表）

名称	快捷键
粘贴并保留样式	option+ shift+command+V
复制	command+D
删除	delete
全选	command+A
缩放	command+K
拷贝样式	option+command+C
粘贴样式	option+command+V
拾色器	control+C
显示/隐藏拼写和语法	command+:
检查拼写	command+;
表情与符号	control+command+ 空格

- 插入相关快捷键如表 2-3 所示。

表 2-3

名称	快捷键
矢量	V
铅笔	P
文本	T
画板	A
切片	S
直线	L
矩形	R
椭圆形	O
圆角矩形	U

- 图层相关快捷键如表 2-4 所示。

表 2-4

名称	快捷键
合并形状	option+command+U
减去顶层	option+command+S
区域相交	option+command+I
排除重叠	option+command+X
图层变形	shift+command+T

（续表）

名称	快捷键
旋转图层	shift+command+R
拉伸	control+1
固定在角落	control+2
缩放对象	control+3
浮动位置	control+4
转化为轮廓	shift+command+O
使用图形蒙版	control+ command+M

- 文本相关快捷键如表 2-5 所示。

表 2-5

名称	快捷键
粗体	command+B
斜体	command+I
下画线	command+U
增大字号	option+command+=
减小字号	option+command+ –
修改字体	command+T
左对齐	command+shift+{
居中对齐	command+shift+I
右对齐	command+shift+}
字距收紧	option+control+T
字距放宽	option+control+L
将文本转化为轮廓	shift+command+O

- 排列相关快捷键如表 2-6 所示。

表 2-6

名称	快捷键
上移一层	option+command+ ↑
移到最前	control+option+command+ ↑
下移一层	option+command+ ↓
移到最后	control+option+command+ ↓
水平分布对象	control+command+H
垂直分布对象	control+command+V

（续表）

名称	快捷键
隐藏图层	shift+command+H
锁定图层	shift+command+L
重命名图层	command+R
分组图层	command+G
取消分组图层	shift+command+G
查找图层	command+F

- 插件相关快捷键如表 2-7 所示。

表 2-7

名称	快捷键
自定义插件	control+ shift+K
再次运行 Toggle I18N	control+ shift+R

- 显示相关快捷键如表 2-8 所示。

表 2-8

名称	快捷键
放大	command++
缩小	command+ -
实际大小	command+0
居中画布	command+1
缩放所选	command+2
居中所选	command+3
显示图层列表	option+command+1
显示检查器	option+command+2
隐藏图层和检查器	option+command+3
演示模式	command+.
隐藏工具栏	option+command+T
全屏	control +command+F
显示/隐藏标尺	control+R
显示/隐藏像素	control+P
显示/隐藏像素网格	control+X
显示/隐藏网格	control+G
显示/隐藏布局	control+L
移动画布	空格键 + 按住鼠标拖曳

2.4.2 实战——自定义快捷键

最终文件	无
视频	视频 \ 第 2 章 \2-4-2.mp4

步骤 01 在应用程序中找到"系统偏好设置",如图2-58所示,将其打开,然后在"系统偏好设置"中找到"键盘",如图2-59所示。

图 2-58

图 2-59

步骤 02 单击进入键盘设置,对话框如图2-60所示。切换到"快捷键"选项卡,对话框如图2-61所示。

图 2-60

图 2-61

步骤 03 在该选项卡左侧选择"应用快捷键",然后单击右侧的"+"号,如图2-62所示。在弹出的对话框中将"应用程序"选择为Sketch,如图2-63所示。

图 2-62

图 2-63

步骤 04 在"菜单标题"输入框中填写设置快捷键的菜单,如图2-64所示。单击"键盘快捷键"的输入框并输入需要设置的快捷键,如图2-65所示。

图 2-64　　　　　　　　　　　图 2-65

步骤 05 单击"添加"按钮,完成快捷键的添加,如图2-66所示。此时即可在Sketch中使用刚才自定义的快捷键,如图2-67所示。

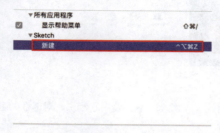
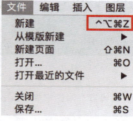

图 2-66　　　　　　　　　　　图 2-67

步骤 06 如果需要删除快捷键,只需在快捷键列表中选中需要删除的内容,然后单击下方的"-"号即可,如图2-68所示。

图 2-68

2.5　Sketch的系统偏好设置

系统偏好设置是Sketch新用户一般会容易忽视的地方,实际上系统偏好设置中的一些设置会对设计产生较大的影响。

和 Mac 中其他软件一样，系统偏好设置位于顶部菜单的软件名称一栏。在 Sketch 中只需单击菜单"Sketch>偏好设置..."即可打开系统偏好设置，快捷键为 command+,，如图 2-69 所示。

打开系统偏好设置后，可以看到如图 2-70 所示的窗口，顶部共有 6 个选项卡，通用、画布、图层、插件、预设和 Cloud。每个选项卡都有相关的选项可以进行设置，下面对各选项卡的内容做一个详细介绍。

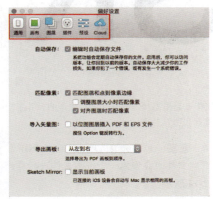

图 2-69 图 2-70

2.5.1 通用选项卡

如图 2-71 所示为通用选项卡的界面。需要注意的是，随着 Sketch 的升级，每个选项卡的内容可能会发生一些小变化。

➢ 自动保存：勾选该选项，即可开启自动保存功能。开启该功能后，系统会每过一段时间自动保存一次当前的文档，如图 2-72 所示。

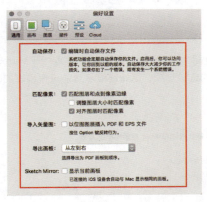

图 2-71 图 2-72

> 提示：这个功能相当于手动执行一次 command+S 的功能，开启该功能会占用小部分的硬盘空间，但是一般情况下建议用户勾选。

➢ 匹配像素：Sketch 是一款矢量绘图软件，但是计算机屏幕及输出的位图都是由像素组成的，在设计界面时，系统会根据设计的内容自动对图形进行一些像素的填充，使之显示更加平滑，避免虚化的出现。如图 2-73 所示为选项勾选前和勾选后的图像效果。

勾选前　　　　　　　　　　　　勾选后

图 2-73

> **提示**：计算机毕竟是根据特殊的算法进行处理的，并不能保证每次都能填充到最合适。勾选该选项，可以让图层和锚点的像素和边界对齐。

➤ 导入矢量图：若勾选该选项，则导入 PDF 和 EPS 格式的文件时会作为一个位图文件进行导入，如图 2-74 所示。

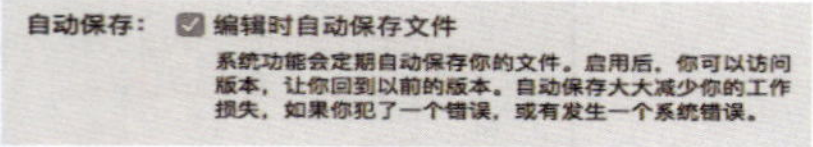

图 2-74

> **提示**：一般情况下建议不要勾选，若在设计中偶尔希望导入时自动转化为位图，则可以在导入时按下 option 键执行相反的效果。

➤ 导出画板：通过修改弹出子菜单中的选项，可以决定导出为 PDF 画板的顺序，如图 2-75 所示。

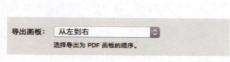

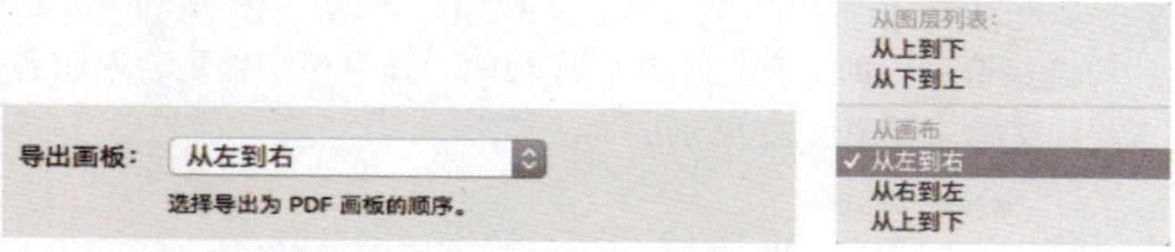

图 2-75

➤ Sketch Mirror：关于 Mirror 在后面的章节会介绍。未勾选该选项时，移动设备打开 Mirror 链接后，会显示该 Sketch 文件中的第一个画板；若勾选该选项，则始终显示当前正在编辑的画板，如图 2-76 所示。

图 2-76

2.5.2 画布选项卡

画布选项卡中的选项用于和画布相关的设置，如图 2-77 所示。

图 2-77

➢ 缩放：该选项下有 3 个选项，勾选"缩放动画"选项，在进行缩放时会有缩放动效。勾选"放大所选"选项，进行画布缩放时，始终以当前选中图层为中心进行缩放，若未勾选，则以当前屏幕上画布为中心进行缩放。勾选"缩放到画布之前的位置"选项，当缩放至实际尺寸时，无论之前以谁为中心进行的缩放都将回到缩放前画布的位置，否则回到画布中心，如图 2-78 所示。

➢ 参考线：单击该色块，可以设置参考线的颜色，如图 2-79 所示。

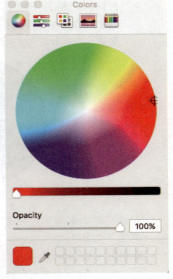

图 2-78　　　　　　　　　　图 2-79

2.5.3 图层选项卡

图层选项卡中的选项用于和图层相关的设置，如图 2-80 所示。

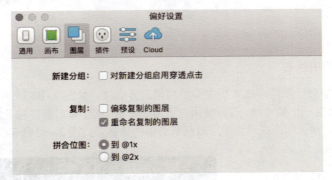

图 2-80

➢ 新建分组：勾选该选项的效果和在图层组检查器中勾选穿透选择效果一致，只是勾选此选项会对所有的图层组生效，可以根据个人习惯进行设置，如图 2-81 所示。

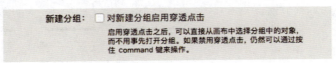

图 2-81

> 提示：建议不要勾选。若需要直接选中组内图层而非图层组，可以在点击组内图层时，按住command键进行点选，同样可直接选中该图层。

➢ 复制：该选项下包含 2 个选项，勾选"偏移复制的图层"选项时，在进行图层复制时，复制的图层会相对于原图层有 10px 的位移。如图 2-82 所示，左图为未勾选该选项时复制图层的效果，右图为勾选该选项时复制图层的效果。

图 2-82

勾选"重命名复制的图层"选项时，在对图层进行复制时（command+D），复制的图层命名为"原图层名 +Copy+ 次数"，如"Oval Copy 2"；若取消勾选，则复制图层的名字和原图层一致，如图 2-83 所示。

➢ 拼合位图：此处可以选择当将图层转化为位图时，是转化为 1 倍尺寸还是 2 倍尺寸。若我们用 1 倍尺寸设计 Retina 设备上的界面，建议设置为 @2x 尺寸，避免模糊，如图 2-84 所示。

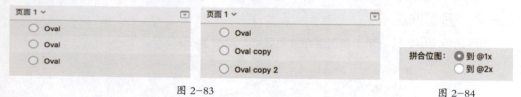

图 2-83　　　　　　　　　　　　　　　　　　　　图 2-84

2.5.4　插件选项卡

插件选项卡中会显示用户在本机中安装的第三方插件，如图 2-85 所示。如果安装的插件较多，想要寻找某一个插件时，可以使用左下角的搜索功能，单击窗口右下角的"获取插件"按钮，可以跳转到网页中，在网页中可以获取更多的插件，如图 2-86 所示。

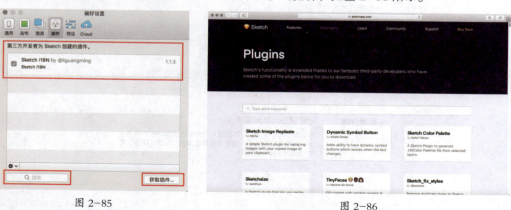

图 2-85　　　　　　　　　　　　　　　　　图 2-86

提示：关于插件，在之前的章节中介绍过，在后面的章节还会提及，此处不再详细讲解，有初步了解即可。

2.5.5 预设选项卡

预设选项卡在之前的版本中并没有出现过,是目前最新版本的 Sketch 中新添加的。其作用是该预设可以被应用到切片、画板和可导出的图层中,极大地简化了之前烦琐的操作,如图 2-87 所示。

图 2-87

2.5.6 Cloud 选项卡

Cloud 选项卡在之前的版本中也是没有出现过的,随着科技的高速发展,Sketch 也紧跟时代脚步。该设置可以将用户制作好的文件进行上传,与其他人进行分享,如图 2-88 所示。

图 2-88

2.6 Sketch 的标尺、参考线和网格

Sketch 中的这几个工具能帮助用户把图层准确地放在理想的位置,是沿着网格还是沿着一条直线,又或是在另两个图层正中间。

2.6.1 标尺

Sketch 中的标尺在默认情况下是被隐藏起来的,如果需要激活它,执行"显示 > 画布 > 显示标尺"命令或使用快捷键 control+R 即可,如图 2-89 所示。

图 2-89

Sketch 中的画布是无限大的，所以标尺也不是固定的。用户可任意拖动标尺以便定义自己的坐标轴，如图 2-90 所示。

由于画布是无限大的，如果用户需要重新设置标尺原点，只需双击标尺交叉区域即可，如图 2-91 所示。

图 2-90

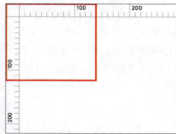
图 2-91

用鼠标右键单击标尺区域，可在弹出的快捷菜单中设置不同的标尺选项，也可通过此选项移除所有水平或者垂直参考线，如图 2-92 所示。

图 2-92

2.6.2 参考线

在标尺上任意位置双击鼠标，便可添加横向或者纵向参考线，只要标尺是显示的，这些参考线也会一直显示。如果想移动标尺，只需拖曳标尺区域，如图 2-93 所示。

图 2-93

如果需要移动单个参考线，必须在标尺中选中参考线再拖曳，如图 2-94 所示。如果想要手动移除参考线，只需把参考线拖到两条参考线的交叉区域即可，效果如图 2-95 所示。

图 2-94

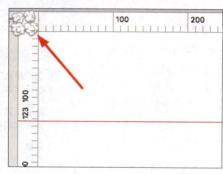
图 2-95

Sketch 有非常强大的智能参考线，在设计时选中图层，然后按住 option 键并移动鼠标，便可自动测量出该图层和其他图层或者是画板的边距，对于确定是否对齐非常有用。如图 2-96 所示，光标移动到哪个图层便测量该图层和光标所在图层的边距。

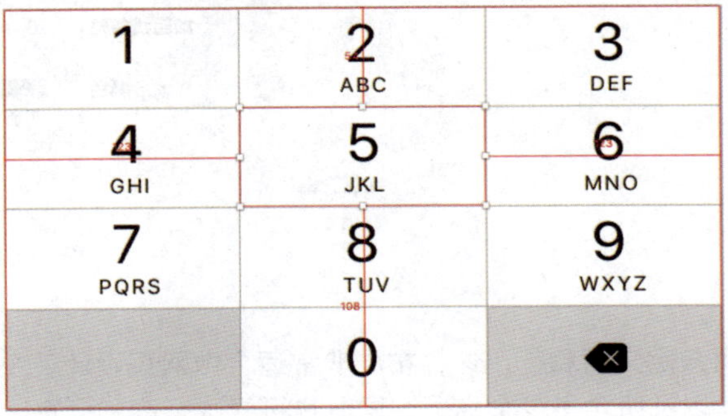

图 2-96

智能参考线在默认情况下是被打开的，可执行"显示 > 画布 > 显示智能参考线"命令切换打开和关闭状态。

> 提示：当用户在调节一个图层的大小或移动位置时，Sketch 会自动将这个图层与其他图层对齐。如果 Sketch 将某一图层自动与另一图层对齐，会看见一条红线，两个图层便依据这条红线得知对齐的是什么位置。

> 提示：当对齐网格选项被打开时，移动任何内容，它们都将自动对齐到网格，此时对齐智能参考线功能将失效。

2.6.3 网格

Sketch 支持两种不同的网格：常规网格和布局网格。用户可根据所进行的创作来选择适合的网格，这两者的区别也非常显而易见。

1. 常规网格

执行"显示 > 画布 > 显示网格"命令可以打开 / 关闭网格，如图 2-97 所示。常规网格是典型的方形布局网格，它附带颜色块的大小、线的粗细等属性，如图 2-98 所示。

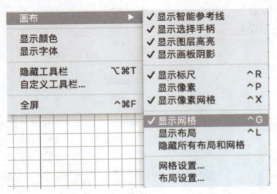

图 2-97

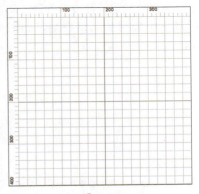

图 2-98

> 提示：默认的常规网格是由长度为 20px 的小方块组成的，每 10 个小方块出现一条粗线条。

执行"显示 > 画布 > 网格设置"命令可以对默认网格的大小和颜色进行设置，如图2-99所示。

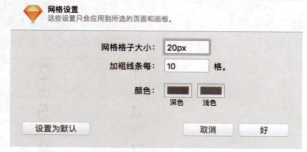

图2-99

2. 布局网格

布局网格允许用户定义列和行，这种布局非常适合做网页设计。在布局网格中，用户可改变页面的总宽度，以及所含多少个纵列。同时也可修改行高和列宽，同时还有针对间距的选项，如图2-100所示。执行"显示 > 画布 > 显示布局"命令可以打开/关闭布局网格，如图2-101所示。

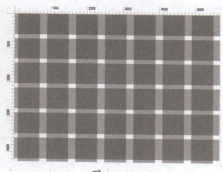

图2-100 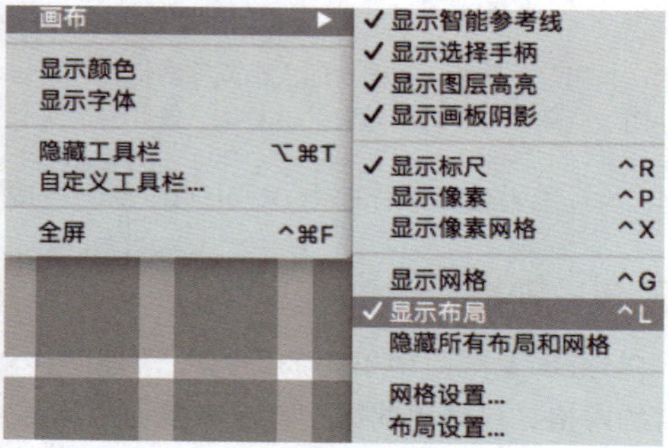　　　　　　　　　图2-101

如果已经选择了某个层，并想均匀分配它们，可以执行"显示 > 画布 > 布局设置"命令，用户可指定行数或者列数、间距的值来创建一个理想的网格布局，如图2-102所示。

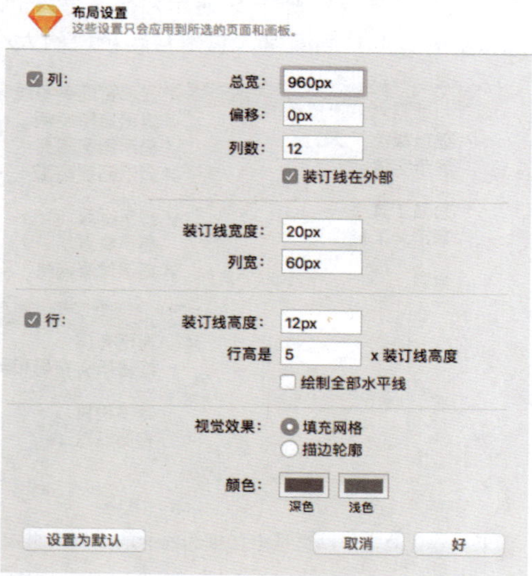

> 提示：Sketch会尽力将网格放在画板的合适位置，不过一旦画板大小发生改变，网格内容可能会错位，这时用户只需按下enter键就可让网格对齐到画布中心。

图2-102

2.7 Sketch的常见问题

上面对Sketch做了一个简单的介绍，但对于一款新接触的软件，相信用户还会有不少的疑问，下面整理了一些使用Sketch时常见的问题，希望能对用户有所帮助。

2.7.1 Sketch是否支持Windows系统？

当发现Sketch如此好用之后，相信用户一定迫不及待想在自己的电脑上尝试一番，安装该软件之前会出现一个问题，该软件能在Windows系统使用吗？

从Sketch的研发团队Bohemian Coding的Twitter及官方博客等来看，该团队暂时没有做其他平台的打算。事实上Sketch的很多操作都是遵循Mac系统规范的，所以对于Mac用户来说该软件是非常容易掌握的，不过即使是刚从Windows系统转过来的使用者也可以很快上手。

> 提示：如果使用者只愿意使用Windows系统，唯一的办法是用虚拟机安装Mac系统后再使用Sketch，但是要达到较好的体验的话对计算机硬件要求相对较高，所以并不是特别推荐。

2.7.2 Sketch能否替代Photoshop？

不少用户发现Sketch的功能跟Photoshop基本相似，那么是不是说Sketch就能够替代Photoshop了呢？

Sketch和Photoshop是两款定位完全不同的软件，Sketch是一款矢量软件，而Photoshop是一款位图编辑软件。在UI设计领域，Sketch在一定程度上可以替代Photoshop，且因为Sketch是为UI设计而生的软件，在某些地方相比Photoshop具有绝对的优势。

Sketch的位图处理功能非常少，仅用Sketch可以设计出非常优秀的UI界面，但是如果需要对位图进行处理，或者要进行精细的超写实的图标绘制还是推荐使用Photoshop。

2.7.3 Sketch是否有汉化版

从官网上下载的软件是英文版本的，不少用户肯定希望界面能够汉化，本书中使用的Sketch是汉化后的版本，可以通过插件进行汉化操作。

需要告诉用户的是Sketch的版本更新相对比较快，该团队目前把研发重点放在产品本身上，所以暂时没有多国语言支持的版本。

随着Sketch在国内的影响力持续增大，国内越来越多的与Sketch相关的网站和论坛及著作不断涌现，加上Sketch软件本身非常容易掌握，让学习Sketch变成一件很容易的事情。而且如果使用快捷键进行操作，软件的语言已经不再是问题。

2.7.4 Sketch如何升级？

上文中提到了，Sketch的升级速度很快，那么问题来了，Sketch如何进行升级呢？

一般来说，如果Mac在联网状态下，打开Sketch后会自动检查更新，如果有更新会弹出更新提示界面，单击"Install Update"按钮即可在线下载更新，如图2-103所示。

如果没有进行自动检测升级，或者在弹出更新提示界面时不小心单击了"Skip This

Version"按钮,可以单击菜单栏上的Sketch,在弹出的菜单中选择"检查更新"选项即可,如图2-104所示。

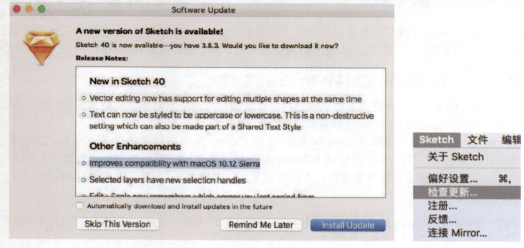

图2-103   图2-104

> 提示:新版本的Sketch文档无法在旧版本中打开,在新版本的升级中也会带来全新的功能,而版本之间的迭代也把握得非常好,基本上不会产生什么新的学习成本,所以建议用户始终让Sketch保持最新版本。

2.7.5 Sketch价格能不能优惠?

Sketch目前的定价在99美元,相比Photoshop的售价来说这个价格是超值的,特别是对UI设计师来说。一般来说,Sketch的优惠分成特殊时间段的优惠及常规优惠。

特殊时间段的优惠是官方短期进行的一些优惠活动,如Sketch3刚上线的时候,Sketch2的老用户便可以五折购买Sketch3。这样的活动具有一定的随机性,要想知道这些信息,最好的办法是保持对Sketch官网的关注,以及对研发团队Twitter等社交网络的关注。

如果是使用团购优惠,根据购买数量的不同优惠力度不同。在官网购买时,在购买数量处输入团购的套数,然后单击更新数量,系统会根据数量的不同自动计算出相应的优惠价格。

2.8 专家支招

通过本章的学习,相信大家对移动UI设计有了一定的了解,下面为用户解答两个常见的问题。

2.8.1 Sketch怎么兼容低版本文件?

正如上文中所说,Sketch的版本更新速度很快,而且使用高版本软件创建的文件在低版本中又无法打开,该怎么做呢?

其实，在高版本中导出 SVG 格式文件，就可以在低版本中打开了。SVG 格式会把隐藏部分舍弃，导出时把所有隐藏取消就行了。

2.8.2　Sketch是否有类似Axure的组件库的功能？

用户们肯定会遇到以下问题，下载的各种 Sketch 资源，每次要用到都要打开那个文件，之后复制粘贴过来。Sketch 是否有类似 Axure 一样的组件库（library）功能？将下载的资源导入组件库中，能随时从组件库中拖过来用吗？

很可惜的是，Sketch 并没有组件库，只能通过模板的方式快速使用元件。用户将元件放在一个文档中，删除掉页面中的所有元件，然后将文档保存为模板。以后创建文档的时候，可以通过使用模板完成元件的插入。

2.9　本章小结

本章初步介绍了 Sketch 这款软件，可以发现该软件上手十分容易，一般设计师经过几个小时的学习便可掌握 Sketch。

用户在对一款应用软件进行 UI 设计的时候，务必寻求感性与理性的最佳平衡。如果分析一款软件的 UI 设计，不是只从视觉层面，而是从更深层次进行思考，那么你离成为一名优秀的 UI 设计师又近了一步。

03
Chapter

从线框原型开始

Sketch不仅是一款非常优秀的UI设计软件,也是一款非常优秀的线框原型绘制工具。在本章中,将详细介绍如何使用Sketch进行线框原型的绘制,以及绘制线框原型图所需要注意的一些事项。

本章知识点:
- ★ 了解线框原型的基本概念
- ★ 了解绘制线框原型的注意事项
- ★ 绘制线框原型的相关知识
- ★ 掌握线框原型的绘制

3.1 线框原型的基本概念

原型通常指的是中等保真的设计图,代表最终产品,模拟交互设计。用户可以通过原型体验内容和交互。

线框原型是产品设计的保真呈现方式,是产品设计和开发中重要的工具。线框原型可以帮助设计师平衡保真度和速度。绘制时不用在意细枝末节,一定要表达出设计思想,不能漏掉任何重要的部分。一般线框图可以由线框、无色但有灰度的方块、文字、线条及箭头构成,如图3-1所示。

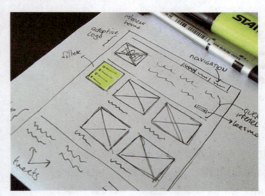 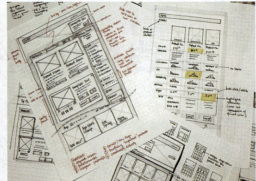

图 3-1

> 提示:线框图应让产品的界面以最简单的视觉形式呈现出来,在该图上人们可以分析出该页面的功能和内容,以及如何来到该页面与从该页面可以跳往其他哪些页面。

线框图可以从单个页面进行分析,也可以从一组页面进行分析。线框图也可以绘制得很粗,仅向人们展示页面布局信息,也可以绘制得很细,能让人们看懂每个页面的各版块都由什么组成,如图3-2所示。

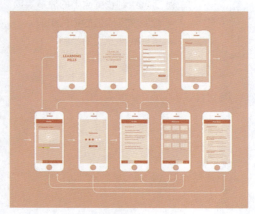

图 3-2

线框原型在视觉上具有局限性。通常设计师只使用线条、方框和灰阶色彩调整就可以完成。一个简单的线框原型最终需要包含的内容有图片、视频和文本。所以，通常情况下，被忽略的地方会使用占位符来标明，图片通常被带斜线的线框来替代，文本会按照排版，用一些标识性的文字所替代，如图3-3所示即为一个简单的线框原型。

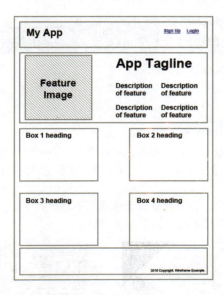

图 3-3

> 提示：有了线框图，设计人员便可以思考如何进行设计，并可以对照需求文档查看该页面功能是否已经完整，程序员便可开始搭建产品框架等工作。

如果发现功能并不完整或者出现了错误，在该图上进行修改比直接设计好出现问题后再修改要快得多。

3.2 绘制线框原型的注意事项

绘制线框原型虽然非常简单，对技术要求也不高，但是有些问题是需要注意的。

3.2.1 巧用明暗对比

绘制线框原型通常只使用线条和色块即可完成。页面虽然简洁明了，但对于各个模块、元素之间的优先级关系却不能很好地表达。当界面元素较复杂时，就需要反复沟通，浪费精力的同时又容易产生错误。

设计师可以通过对线框图原型添加明暗对比效果，凸显界面元素的重要级关系。例如深色的就是重要的、需要着重表现的，浅色的就是二级的、不太重要的，如图3-4所示。

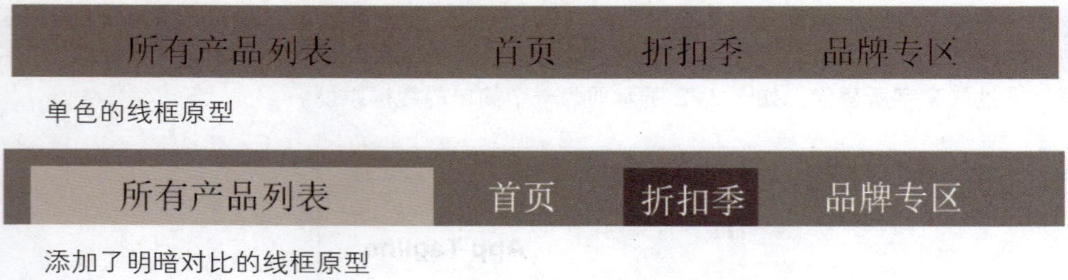

单色的线框原型

添加了明暗对比的线框原型

图 3-4

3.2.2 不使用截图和颜色

很多设计师为了能更清楚地表达想法,将各个竞争对手的页面截图拼凑成一个页面。这样做看似很方便,但除了会影响产品人员的想法外,对于视觉设计师也是一种灾难,如图 3-5 所示。

线框图上大量使用色彩,会对视觉设计师造成不必要的干扰。局部的小面积使用却可以使得效果更加突出,主题更加明确,如图 3-6 所示。

图 3-5

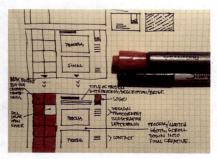
图 3-6

3.2.3 标记第一屏高度

一个网站最重要的就是第一屏。最有特色、最重要的内容,尤其是重要的操作按钮尽可能在第一屏内显示完全,不然会对转化率有较大的影响。

以 1 024×768 分辨率为例,为了保证页面可以正常显示,可以将高度定为 570 像素。宽松一点可以定为 600 像素。而且要在原稿上标明高度,给视觉设计师作为参考,如图 3-7 所示。当然,为了控制第一屏的高度,将过多的内容挤在一起,是不好的经验。

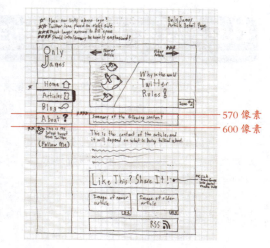
图 3-7

> 提示：转化率指的是在一个统计周期内，完成转化行为的次数占推广信息总点击次数的比率。也就是指进行了相应动作的访问量与总访问量的比值。是衡量网站内容对访问者的吸引程度，以及网站宣传效果的重要指标。

3.2.4 合理的布局和间距

在开始绘制线框原型前，要及时与视觉设计师沟通。确定设计规范，例如最小间距、字号等，可以很好地避免不必要的困扰。以设计规范为参考，按照栅格规范来布局，如图 3-8 所示。

有了栅格规范就可以避免产品人员不按布局和间距标准绘制线框原型，造成内容堆叠，使得视觉设计师需要重新规划考虑布局。

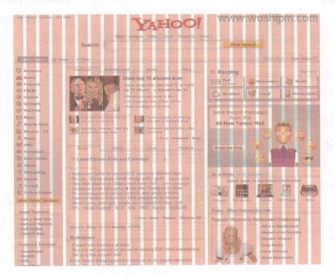

图 3-8

3.3 Sketch绘制线框原型

之前为用户介绍的基本属于理论性的知识，为了使用户能够更快地掌握 Sketch，下面为用户介绍绘制线框原型所需要的相关技能知识。

3.3.1 文件的新建和保存

打开 Sketch，在欢迎界面中可以选择并创建一个名为"未命名"的 Sketch 新文档，如图 3-9 所示。也可以使用快捷键 command+N 或执行"文件 > 新建"命令进行创建，如图 3-10 所示。

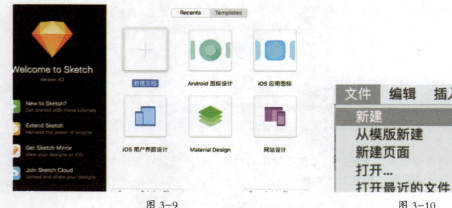

图 3-9　　　　　　　　　　　　　　图 3-10

通常用户在新建文档后便直接开始设计，但是建议用户养成创建新文档后就进行保存的习惯，防止因意外退出而造成损失。

当需要保存 Sketch 文档并对其重命名时，可以使用快捷键 command+S，或者执行"文件 > 保存"命令进行保存，如图 3-11 所示，保存时 Sketch 会弹出对话框，如图 3-12 所示。

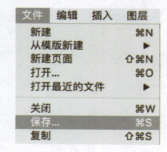

图 3-11　　　　　　　　　　　　　　图 3-12

> 提示：在"另存为"文本框中填写需要更改的文档名，在"位置"下拉列表中选择保存的路径，然后单击"保存"按钮完成保存。

Sketch 具有自动保存功能，只需进行第一次保存，后续的任何操作包括退出 Sketch 都可以不用执行保存命令。判断保存命令执行与否，只需查看工具栏上方正中间文档名的状态。我们对 Sketch 做任何改动，文档名称旁都会出现"已编辑"的字样，执行保存命令后该字样消失，即完成保存，如图 3-13 所示。

图 3-13

> 提示：建议用户每次进行大的变动后都使用快捷键command+S执行一次保存操作，因为每执行过一次保存操作，Sketch就会认为这是一个新的版本，退回历史状态功能也只对执行过保存命令的版本有效。

3.3.2 回到Sketch文档的历史版本

相信许多设计师都遇到过下面的场景，好不容易设计了多个版本，老板最终拍板说还是要第一版吧，可是第一版已经删除了。

又如工作中往往会对同一设计稿做多次修改，每做一次修改就会另存为一个新版本。如果修改的次数多了，文档数也同时会增多，这样不仅占空间而且不易整理。Sketch 提供了浏览所有版本的功能，可以帮助用户随时返回到想要的版本，减少不必要的损失。

实战——返回Sketch历史版本

最终文件	无
视频	视频\第 3 章\3-3-2.mp4

步骤 01 启动 Sketch 软件，执行"文件 > 打开"命令，将"素材 > 第 3 章 >3-3-2.sketch"文件打开，如图 3-14 所示。执行"文件 > 恢复 > 浏览所有版本"命令，如图 3-15 所示。

图 3-14

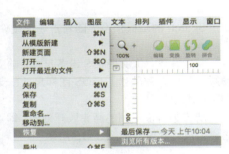

图 3-15

步骤 02 进入浏览所有模式效果如图 3-16 所示。用户可以单击页面右侧的按钮，查找需要返回的历史版本，单击即可完成返回操作，如图 3-17 所示。

图 3-16

图 3-17

> 提示：在该模式下，左侧是当前版本，右侧是该文档的全部历史版本，单击页面缩略图，即可放大查看，并且可以对其进行操作，单击历史版本右侧的上下按钮，即可切换版本，或者单击屏幕最左侧的时间线进行选择。如果需要恢复到某一版本，只需找到该版本，单击下方的"Restore"（恢复）按钮即可。若不需要恢复，直接单击下方的"完成"按钮即可直接退出该模式。

3.3.3 画板预设

Sketch 是为 UI 设计而生的软件，用户在新建画板的时候，多数情况下只需执行"插入 > 画板"命令或按快捷键 A，然后在检查器中选择画板尺寸即可完成创建，无须做其他任何设置，如图 3-18 所示。

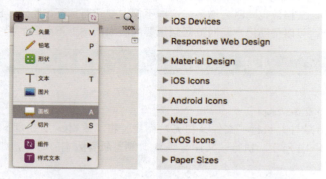

图 3-18

Sketch 的画板预设会随着市场上硬件设备的更新而保持更新，本书写作时 Sketch 的最新版本为 42。

从上往下，依次是 iOS 设备尺寸、响应式 Web 网站尺寸、Material Design 设计尺寸（可理解为安卓设备尺寸）、iOS 图标尺寸、安卓图标尺寸、Mac 图标尺寸、苹果电视系统图标、国际标准纸张尺寸。

单击列表最左侧的箭头展开列表，即可看到每种尺寸类型的详细尺寸，左侧为设备名称，右侧为尺寸数值，如图 3-19 所示。

苹果电视系统图标	国际标准纸张尺寸

图 3-19

单击某个画板，则会在页面中创建该画板，如图 3-20 所示。若不单击左侧箭头而单击父列表内容，则会批量创建该类型下所有尺寸的画板，如图 3-21 所示。

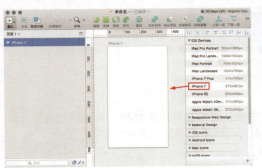

图 3-20

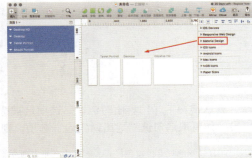

图 3-21

3.3.4　画板检查器

Sketch 检查器会根据选中的图层而做相应的更改。在选中画板后，检查器会呈现如图 3-22 所示的内容。

在检查器的顶端是对齐按钮，如图 3-23 所示。这一排按钮是不管选中什么图层都会保留的，从左到右分别是垂直分布、水平分布、左对齐、水平居中、右对齐、顶部对齐、垂直居中和底部对齐。

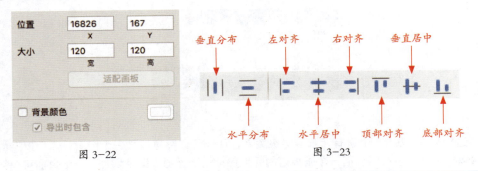

图 3-22　　　　　　　　　　　图 3-23

> 提示：前两个对齐按钮在选中 3 个或 3 个以上元素时可用。在选中画板状态下，要实现对齐功能需至少选中 2 个画板。

位置参数后面有两个文本框，输入 X 轴和 Y 轴数值可以准确地控制当前画板的位置，便于编辑和查找。将光标移动到文本框上，文本框会显示上下箭头，如图 3-24 所示。通过单击上下箭头可以获得更精准的位置信息。

勾选"背景颜色"选项即可为当前画板指定背景色。单击后面的色块，可以在弹出的颜色面板中选择一种颜色作为画板的背景颜色，如图 3-25 所示。

图 3-24　　　　图 3-25

默认情况下，"导出时包含"选项是被选中的，当用户导出原型时，背景颜色将被一起导出。如果取消勾选"导出时包含"选项，则在导出时不会导出背景颜色。

> 提示：背景颜色只支持单色模式，不能为其指定渐变等其他模式。

3.3.5　图层面板

图层面板是 Sketch 中非常重要的一个面板，它不仅是对图层本身进行管理的区域，更是一个界面内容的导航器，在图层面板中通过图层列表可以看到界面的层级关系。

1. 图层面板简述

"图层"面板在工作区的左侧，如图 3-26 所示。图层面板从上往下是页面、画板、图层组和图层 4 个部分。

图 3-26

这构成了 Sketch 中所有元素的层级关系，任何元素都可以是一个图层，一个以上的元素可以组成一个图层组，而一个画板内的元素包括图层、图层组及切片。一个页面可以创建无数个画板，而一个文档又可以创建无数个页面。

默认情况下，页面列表是收起状态，如图 3-27 所示。单击页面的名称即可快速进行页面切换。

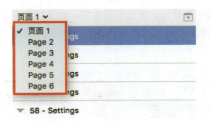

图 3-27

> 提示：进行多页面设置一方面可以避免一个页面上画板过多导致管理困难不方便查找，另一个方面因每次载入画板变少而让Sketch文档能迅速打开。

2. 新建、重命名、复制和删除页面

在日常工作中，可以把同一类功能的画板放在同一个页面，不同功能类型的画板放在不同的页面。

实战——使用页面

最终文件	无
视频	视频 \ 第 3 章 \3-3-5.mp4

步骤 01 启动 Sketch 软件，执行"文件 > 新建"命令，新建一个文件，单击"页面"检查器右上角的"显示页面列表"按钮，打开页面列表，如图 3-28 所示。单击右上角的"+"按钮，添加一个页面，效果如图 3-29 所示。

图 3-28　　　　　　　　图 3-29

步骤 02 若要对页面重命名，只需在页面列表中双击需要修改的页面名即可进入编辑模式，修改后单击输入框外任意地方完成修改，如图 3-30 所示。

步骤 03 若要复制页面，只需在需要复制的页面名上单击鼠标右键，在弹出的菜单中选择"复制页面"即可，如图 3-31 所示。复制的页面在原页面的下方。

图 3-30　　　　　　　　图 3-31

步骤 04 若需要删除页面，只需在该页面上单击鼠标右键，在弹出的菜单中选择"删除页面"即可，如图3-32所示。此时会出现一个对话框提示是否确定删除页面，单击"删除"按钮即可删除页面，如图3-33所示。

图3-32　　　　　　　　　　　图3-33

> 提示：在图层面板上，不管画板下面有无图层或图层组，画板名称左侧都有一个箭头，箭头向下代表列表展开。

3. 图层类型

一般图层有5种，从上往下分别为形状组合图层、形状图层、文本图层、位图图层、切片图层，如图3-34所示。

图3-34

- 形状组合图层和形状图层

两者的区别在于形状组合图层左侧会有箭头，展开可以看到该形状是由哪几个形状经过布尔运算得出的。两者的缩略图均与自身形状有关。选中形状组合图层后按enter键可展开该图层，再次按enter键进入编辑模式。选中形状图层按enter键直接进入编辑模式。

- 文本图层

其缩略图显示为Aa，选中该图层按enter键可以进入文字编辑状态。

- 位图图层

其由位图图标表示，选中该图层按enter键即可进入位图编辑模式。

- 切片图层

其本身没有内容，它的内容取决于它所覆盖的图层，在图层面板中，切片图层的缩略图由一个虚线方块和刀状的图标组成，并且切片图层没有图层顺序的概念，理论上它一直在顶层。

> 提示：在图层面板中，普通图层的缩略图用灰色显示，共享样式图层的缩略图用紫色显示，如图3-35所示。

图3-35

4. 图层的调整

Sketch 和 Photoshop 的图层列表一样，图层之间除切片图层外均有顺序，在图层列表上方的图层会覆盖下方的图层，用户可以通过在图层面板中选中并拖动该图层来调整图层之间的顺序，也可以选中图层按快捷键来调整。

> 提示：使用快捷键option+command+↑（↓）方向键可将图层上（下）移一层，使用快捷键control+option+command+↑（↓）可将图层移至顶层（底层）。

- 复制、剪切和粘贴图层

使用快捷键 command+D 可以复制图层到图层列表，command+C 可以复制图层到剪贴板，command+X 可以剪切图层，command+V 可以粘贴图层。

选中多个图层，按快捷键 command+G 可以对图层进行编组，选中图层组按快捷键 shift+command+G 可以对图层组取消编组。

用户可以对图层或图层组进行隐藏或锁定操作，隐藏的图层在页面上无法看到，锁定的图层在页面上无法被选中。右侧出现眼睛图标且该项呈灰色状态表示该图层被隐藏，右侧出现锁的图标则表示该图层被锁定，如图 3-36 所示。

将光标移动到图层列表中需要隐藏的图层处，右侧会出现眼睛的图标，单击该图标即可隐藏该图层，再次单击眼睛图标即可取消隐藏，用户也可以使用快捷键 shift+command+H 执行该操作，如图 3-37 所示。

图 3-36　　　　　　　　　　　图 3-37

> 提示：由上图可以看出来，隐藏图层后，图层缩略图变为灰色，同时出现眼睛图标，当恢复显示时，图标缩略图变为黑色，眼睛图标消失。

- 锁定图层

若要锁定图层，只需在该图层上单击鼠标右键，在弹出的菜单中选择"锁定图层"选项即可，如图 3-38 所示。也可以使用快捷键 shift+command+L 执行该操作。要取消锁定，单击锁的图标即可，如图 3-39 所示。用户可以双击图层对图层重命名，或使用快捷键 command+R 进行重命名，如图 3-40 所示。

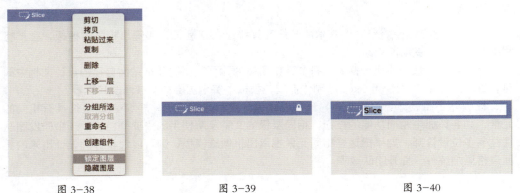

图 3-38　　　　　　图 3-39　　　　　　图 3-40

- 搜索图层

图层面板的底部，如图 3-41 所示。单击搜索框可对该页面中所有图层进行搜索；单击中间的按钮，所有的图层都不可选中；单击第 3 个切片按钮，则该页面上所有的切片图层隐藏也无法选中。该按钮旁的数字表示该页面中切片的数量。

图 3-41

3.3.6　关于模板

通过前面 Sketch 画板预设的介绍能够说明 Sketch 是为 UI 设计而生的，Sketch 中内置的模板让 Sketch 相比同类型的设计软件领先了一大截。

Sketch 内置的模板全部都是严格按照 iOS 人机交互指南，以及 Material Design 设计规范制作而成的。

> 提示：使用模板进行设计，不仅能提升效率，而且对于新入行的UI设计师来说，能避免出现一些错误，确保设计出来的UI界面是可用的。

Sketch 内置的模板几乎覆盖了全部平台，执行"文件 > 从模板新建"命令，如图 3-42 所示，选择对应模板即可进入。内置的模板从上到下包括 Android 图标设计、iOS 应用图标、iOS 用户界面设计、Material Design 和网站设计等，如图 3-43 所示。

图 3-42　　　　　　　　　　图 3-43

> 提示：严格意义上说，该页面不是模板，但是对于Sketch新用户来说，该页面提供了一个快速入门的指南，建议前往阅读一遍。

Sketch 的模板会随着软件版本的升级而升级，尤其是 iOS 和安卓相关的模板，会严格根据官方的规范变动而变动。

使用内置的模板也十分简单，只需选中所需的元素，复制并粘贴到自己的设计文档中即可，Sketch 的模板均使用 Sketch 制作而成，模板中每个图层都可被修改和查看。

模板除了让设计更加规范外，还可以让设计整体风格统一，一套 App 往往具有相同的元素，如各页面中相同功能的按钮，相同层级的文字及所使用的主要颜色等。一个研发团队往往有多位设计师，如果把这些相同元素提取出来做成模板，则可以让设计师设计出来的界面风格更加统一，提升团队效率。

提示：当用户在打开模板的时候可能会弹出如图3-44所示的对话框，这是由于Mac系统中缺少该Sketch文档中所含字体的原因，大多数情况下字体问题不大，单击"打开"按钮即可。

图 3-44

Sketch 为用户提供了自定义模板的功能。新建一个 Sketch 文档，将需要做成模板的元素提取出来后，放入该文档，然后执行"文件 > 保存为模板"命令，接着在弹出的对话框中为该模板命名（支持中文），完成后单击"保存"按钮即可，如图 3-45 所示。之后用户就可以从"文件 > 从模板新建"的子菜单中找到该模板，如图 3-46 所示。

图 3-45

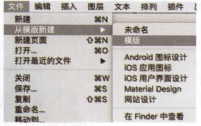

图 3-46

若有自定义模板，在该菜单中则会出现"在 Finder 中查看"选项，单击即可打开自定义模板所在文件夹，用户可以对其进行修改和删除，如图 3-47 所示。

图 3-47

3.3.7 图层组的检查器

检查器会根据选择图层的不同，呈现出不同的选项，选中图层组后，检查器如图 3-48 所示。

顶部是对齐工具。若只选中一个图层或图层组，单击该工具则会将该图层或图层组与所在画板为基准进行对齐。

"位置"和"大小"的功能与画板的检查器相同。但是在宽和高之间有一个锁的图标，图 3-49 中锁图标为解开状态。单击即可变成锁定状态，此时宽高比锁定，变更其中任何一个数字，另一个数字也随之按之前比例变更，如图 3-50 所示。

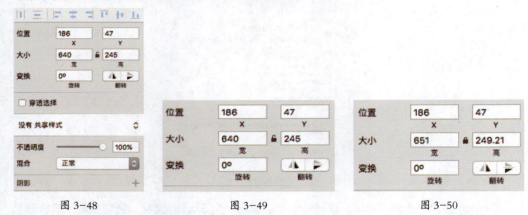

图 3-48　　　　　　　　图 3-49　　　　　　　　图 3-50

"变换"可对图层组做简单的变换操作，"翻转"可以让图层组精确旋转。0° 表示不做旋转，360° 和 0° 效果一致，相当于转了一圈回到原点。光标移动至输入框会出现上下控制按钮，单击可按 1° 的幅度进行数字的变更。

用户也可以直接手动输入数值，正数代表顺时针旋转，负数代表逆时针旋转，后面两个按钮分别是水平翻转和垂直翻转的功能，如图 3-51 所示。

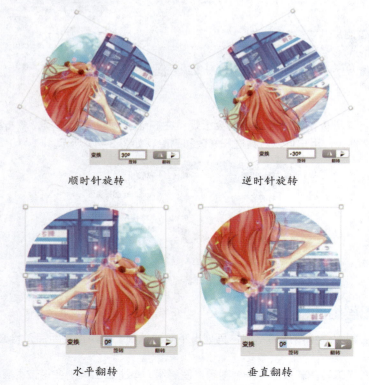

顺时针旋转　　　　　　　　逆时针旋转

水平翻转　　　　　　　　垂直翻转

图 3-51

默认情况下，用户在页面中单击图层组会直接选中该图层组而非组内的图层，若勾选"穿透选择"选项，在页面中对图层组单击则直接选中组内的某一图层而非图层组。

> 提示：建议取消勾选"穿透选择"选项，毕竟编组的目的在于便于成组的管理和移动，若特殊情况需要对组内图层进行选择，可在页面中对该图层所在图层组双击直到选中。

不透明度选项用来调节图层组透明度，100% 代表完全不透明，0% 代表完全透明。也可以通过数字键盘 0~9 进行快速设置，0 代表 100%，1 ～ 9 分别代表 10%~90%。

混合选项类似于 Photoshop 的图层样式中的混合模式，下拉菜单如图 3-52 所示，每类效果用细线隔开便于快速定位。具体效果建议用户可以自行进行尝试。

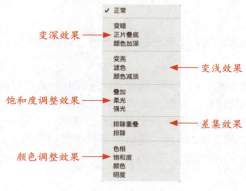

图 3-52

单击"阴影"选项右侧的"+"按钮即可为该图层组添加阴影样式，如图 3-53 所示。以上是普通图层组的检查器，符号图层组的检查器如图 3-54 所示。

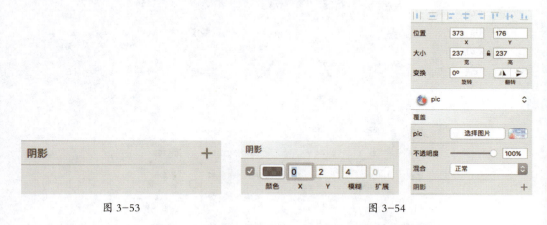

图 3-53　　　　　　　　　　　　图 3-54

> 提示：两者的区别仅在于符号图层组的检查器中无"穿透选择"选项。若将符号图层组转变为普通图层组，检查器也会变成普通图层组检查器。

3.3.8 形状图层的检查器

形状图层是 Sketch 中最为常见的图层，可以将形状图层的检查器分成 3 个部分，如图 3-55 所示。

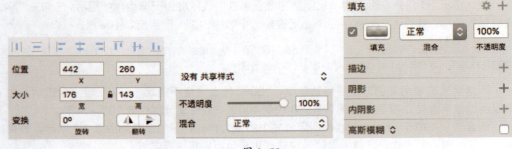

图 3-55

1. 第 1 部分

此处使用方法与图层组相同,之前已经为用户进行过详细介绍,此处不再赘述。

2. 第 2 部分

该部分选项会随着绘制形状的不同有所变化。Sketch 一共可以绘制 8 种基础形状:直线、箭头、矩形、椭圆形、圆角矩形、星形、多边形和三角形,如图 3-56 所示。

其中直线、箭头、椭圆形和三角形的形状图层检查器,如图 3-57 所示;矩形和圆角矩形的形状图层检查器,如图 3-58 所示;星形的形状图层检查器,如图 3-59 所示;多边形的形状图层检查器,如图 3-60 所示。

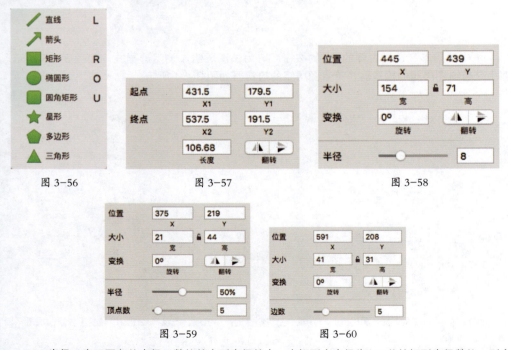

图 3-56　　　　图 3-57　　　　图 3-58

图 3-59　　　　图 3-60

- ➢ 半径:表示圆角的半径,数值越大则半径越大。在矩形中半径为 0,若给矩形半径数值,则变成圆角矩形。可通过滑动条调节大小,但是滑动条最大数值有限,超过该数值可以手动输入。
- ➢ 顶点数:代表角的个数,如五角星的数值为 5,六边形的数值为 6。

3. 第 3 部分

➢ 填充："填充"快捷键为 F，单击右侧的"+"按钮或单击"添加填充"按钮可以添加填充，添加填充后可以设置填充颜色类型、填充混合模式以及填充不透明度。取消勾选左侧的复选框则去掉填充，如图 3-61 所示。

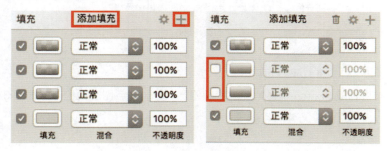

图 3-61

➢ 描边：描边快捷键为 B，和填充类似，添加描边后可以设置描边颜色、描边位置和描边粗细。其中描边位置有居中、内部和外部 3 种，描边粗细可以直接输入数字，支持小数，如图 3-62 所示。

图 3-62

单击描边选项面板右侧的齿轮图标可设置描边样式，如图 3-63 所示。第 1 排按钮可设置描边端点和转折点的样式，第 2 排的选项用于设置起始箭头和末端箭头样式，在第 3 排的 4 个输入框中输入不同的数值可以绘制出虚线等效果。

图 3-63

➢ 阴影：添加阴影后检查器中阴影选项面板如图 3-64 所示，颜色后面的 4 个数值分别代表阴影在 X 轴上的移动距离（正数为右移，负数为左移）；Y 轴上的移动距离（正数为下移，负数为上移）；阴影的模糊值和扩散值。

➢ 内阴影：添加内阴影后检查器中内阴影选项面板如图 3-65 所示，参数设置方法和投影相似。

图 3-64   图 3-65

> 高斯模糊：可以设置模糊效果，半径数值越大模糊效果越强。除高斯模糊外，还可以设置动感模糊、放大模糊和背景模糊，如图 3-66 所示。

图 3-66

3.3.9 文字图层的检查器

文字图层是构成 Sketch 中最常用的两种图层之一，文字图层的检查器如图 3-67 所示，同样将其分成 3 部分。

图 3-67

第 1 部分和其他图层相同，需要注意的是此处的高度由文字图层中文字行高的总和决定，不能在此调整文字大小。

第 2 部分为文字图层特有的属性设置区域，第 1 排为字体共享样式。关于字体共享样式和图层符号会在后面的章节进行详细介绍。

> 字体：可以设置字体，快捷键为 command+T，在出现的列表中直接选择即可，也可以在搜索框中快速搜索字体。Sketch 中字体名均为英文或者拼音，若需要中文字体，输入拼音搜索即可，如图 3-68 所示。

> 字重：可以设置字体样式，根据字体自身的样式决定，有些字体只有一种样式此项则不可选。苹方字体为 iOS 默认字体，提供了从细到粗 6 个样式，如图 3-69 所示。

图 3-68　　　　　　图 3-69

- 齿轮图标：单击后弹出如图 3-70 所示的对话框，可以设置文字的下画线样式，以及列表样式。列表类型包括无、数字和符号 3 种，如图 3-71 所示。文本变换包括无、大写和小写 3 种，如图 3-72 所示。

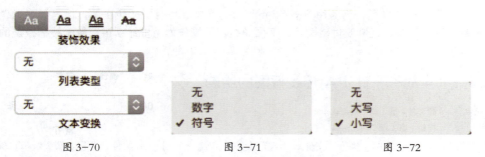

图 3-70　　　　　　　　图 3-71　　　　　　　　图 3-72

- 颜色：可以设置文字的颜色，如图 3-73 所示。
- 大小：可以设置文本大小，即字号，如图 3-74 所示。
- 对齐：可以设置文本的对齐方式，左对齐、居中对齐、右对齐和分布对齐，如图 3-75 所示。

图 3-73　　　　　　图 3-74　　　　　　　图 3-75

- 宽：此处设置文本段的宽度，分别是自动调整和固定宽度。自动调整会随着用户输入的文本让文本框的宽度随之扩宽，不会自动断行。而固定宽度则让文本内容超过现有的宽度时会自动断行，以增加长度的形式显示。
- 间距：可以设置文本的间距，分别是字符间距、行高和段落间距，如图 3-76 所示。

图 3-76

> 提示：不透明度和混合模式，以及第3部分和其他图层的检查器功能相同，此处不再赘述。

3.4 使用Sketch绘制线框原型

经过了之前的学习，相信用户对 Sketch 绘制线框原型有了初步了解，但是学习软件不单单需要基础知识，还需要付出实践，下面通过实际操作为用户继续讲解绘制线框原型的方法和技巧。

3.4.1 实战——计步App线框图的绘制

最终文件	源文件 \ 第 3 章 \3-4-1.sketch
视频	视频 \ 第 3 章 \3-4-1.mp4

步骤 01 启动 Sketch 软件，执行"文件 > 新建"命令，新建一个 Sketch 文件，如图 3-77 所示。单击工作界面左上角的"插入"按钮，选择"画板"命令，如图 3-78 所示。

图 3-77　　　　　　　　　　　　　　图 3-78

步骤 02 在弹出的模板面板中选择 iPhone 7 选项，如图 3-79 所示。单击后可看到页面效果如图 3-80 所示。

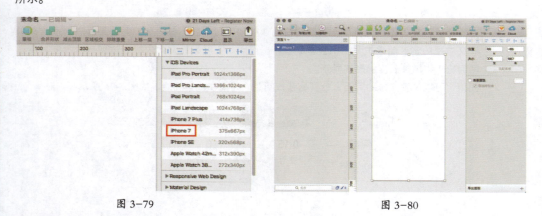

图 3-79　　　　　　　　　　　　　　图 3-80

步骤 03 执行"文件 > 从模板新建 >iOS 用户界面设计"命令，如图 3-81 所示，弹出如图 3-82 所示的页面。

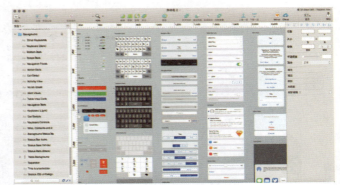

图 3-81　　　　　　　　　　　　　图 3-82

步骤 04 在模板中找到如图 3-83 所示的内容，将其复制并粘贴到设计文档中，适当调整其位置，图像效果如图 3-84 所示。

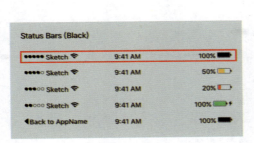

图 3-83　　　　　　　　　　　　　图 3-84

提示：Sketch 强大的地方就是拥有很多 UI 设计的通用模板，在设计制作时可以直接使用，不用进行绘制，从而减少设计师的工作强度，让其集中精力在版式和交互的设计中。

步骤 05 继续在模板中找到如图 3-85 所示的内容，将其复制并粘贴到设计文档中，适当调整其位置，图像效果如图 3-86 所示。

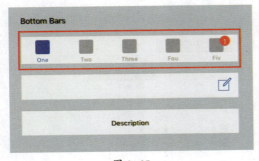

图 3-85　　　　　　　　　　　　　图 3-86

步骤 06 单击工作界面左上角的"插入"按钮，选择"文本"工具，如图 3-87 所示。在页面中单击，如图 3-88 所示。

79

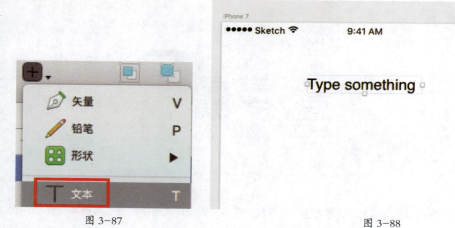

图 3-87　　　　　　　　　　　　　图 3-88

步骤 07 修改文字内容，设置如图 3-89 所示的参数。使用相同方法完成相似内容的绘制，图像效果如图 3-90 所示。

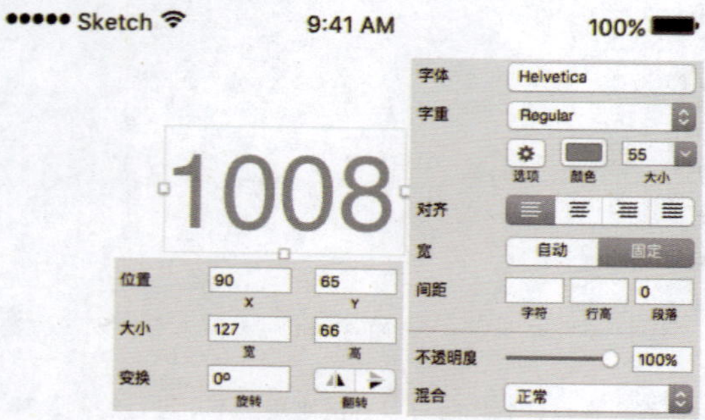

图 3-89 　　　　　　　　　　　　　图 3-90

步骤 08 选中相关图层，单击"分组"按钮，将其分组处理，如图 3-91 所示。单击工作界面左上角的"插入"按钮，选择"形状 > 矩形"命令，如图 3-92 所示。

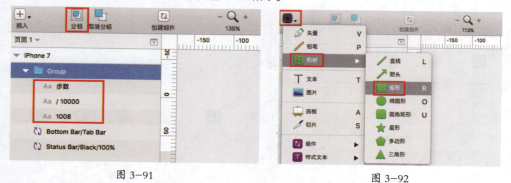

图 3-91　　　　　　　　　　　　　图 3-92

步骤 09 在画板中绘制矩形，如图 3-93 所示。使用相同方法完成相似内容的制作，图像效果如图 3-94 所示。

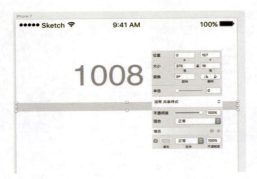

图 3-93　　　　　　　　　　　　　图 3-94

> **提示**：为了保证线框原型的严谨性，在此步骤中矩形长度的绘制，应先使用计算机进行计算，确定准确的长度。

步骤 10 继续在模板中找到如图 3-95 所示的内容。将其复制并粘贴到设计文档中，适当调整其位置，图像效果如图 3-96 所示。

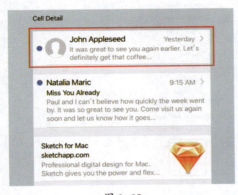

图 3-95　　　　　　　　　　　　　图 3-96

步骤 11 调整模板内的内容，图像效果如图 3-97 所示。复制并适当调整图像位置，图像效果如图 3-98 所示。

图 3-97　　　　　　　　　　　　　图 3-98

步骤 12 选择底部的图形，如图 3-99 所示，多次单击"下移一层"按钮，得到如图 3-100 所示的图像效果。

图 3-99

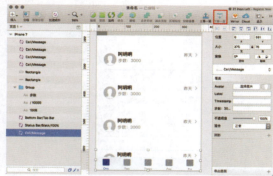
图 3-100

步骤 13 适当调整图形位置完成计步 App 界面线框图的绘制，图像效果如图 3-101 所示，页面面板如图 3-102 所示。

图 3-101　　　　　　图 3-102

3.4.2 实战——内容列表页线框图的绘制

最终文件	源文件 \ 第 3 章 \3-4-2.sketch
视频	视频 \ 第 3 章 \3-4-2.mp4

步骤 01 启动 Sketch 软件，执行"文件 > 新建"命令，新建一个 Sketch 文件，如图 3-103 所示。单击工作界面左上角的"插入"按钮，选择"画板"命令，如图 3-104 所示。

图 3-103　　　　　　　　　　图 3-104

步骤 02 在弹出的模板面板中选择 iPhone 7 选项，如图 3-105 所示。单击后可看到页面效果如图 3-106 所示。

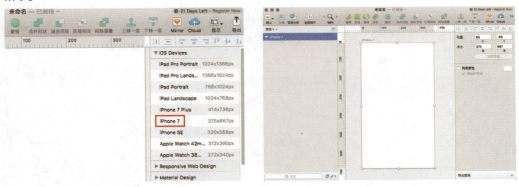

图 3-105　　　　　　　　　　　　　　图 3-106

步骤 03 执行"文件 > 从模板新建 >iOS 用户界面设计"命令，如图 3-107 所示，弹出如图 3-108 所示的页面。

图 3-107　　　　　　　　　　　　　　图 3-108

步骤 04 在模板中找到如图 3-109 所示的内容，将其复制并粘贴到设计文档中，适当调整其位置，图像效果如图 3-110 所示。

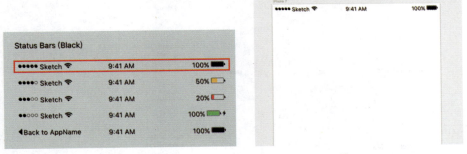

图 3-109　　　　　　　　　　　　　　图 3-110

步骤 05 使用相同方法完成相似内容的制作，图像效果如图 3-111 所示。修改其内容，图像效果如图 3-112 所示。

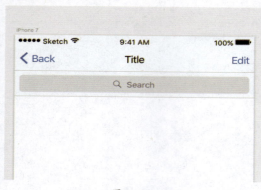
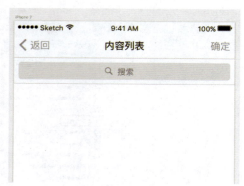

图 3-111　　　　　　　　　　　　　图 3-112

步骤 06 在模板中找到如图 3-113 所示的内容，将其复制并粘贴到设计文档中，适当调整其位置，图像效果如图 3-114 所示。

图 3-113　　　　　　　　　　　　　图 3-114

步骤 07 调整模板内的内容，图像效果如图 3-115 所示。复制并适当调整图像位置，图像效果如图 3-116 所示。

图 3-115　　　　　　　　　　　　　图 3-116

步骤 08 在模板中找到如图 3-117 所示的内容,将其复制并粘贴到设计文档中,适当调整其位置,图像效果如图 3-118 所示。

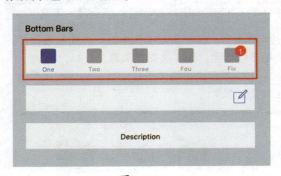
图 3-117

图 3-118

步骤 09 选中内容列表中第二行的内容,将其向左移动相应距离,如图 3-119 所示。单击工作界面左上角的"插入"按钮,选择"椭圆形"命令,在页面中绘制正圆形,如图 3-120 所示。

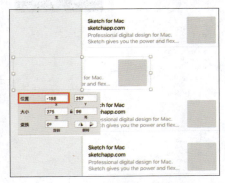
图 3-119

图 3-120

步骤 10 使用相同方法完成相似内容的制作,图像效果如图 3-121 所示。适当调整图层,完成内容列表页线框图的制作,如图 3-122 所示。

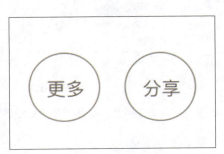
图 3-121

图 3-122

3.5 完整线框原型的绘制

前文中为用户介绍的是两个单独绘制的线框原型，但是实际工作中，作为交互设计师，在主流程的线框图绘制出来后，便应该绘制细节线框图，并提供交互示意。

以注册页为例，最终用户可以做出如图 3-123 所示的一组关于注册页面的线框原型图。这样可以更加清晰地展示文字输入前后按钮的交互效果。

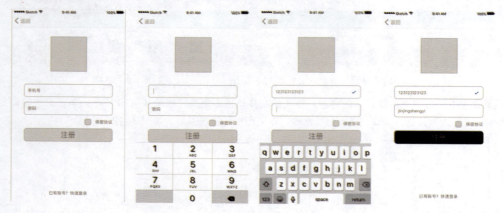

图 3-123

3.5.1 实战——注册页1线框图的绘制

| 最终文件 | 源文件 \ 第 3 章 \3-5-1.sketch |
| 视频 | 视频 \ 第 3 章 \3-5-1.mp4 |

步骤 01 启动 Sketch 软件，执行"文件 > 新建"命令，新建一个 Sketch 文件，如图 3-124 所示。单击工作界面左上角的"插入"按钮，选择"画板"命令，如图 3-125 所示。

图 3-124　　　　　　　　　　　　图 3-125

步骤 02 在弹出的模板面板中选择 iPhone 7 选项，如图 3-126 所示。单击后可以看到页面效果如图 3-127 所示。

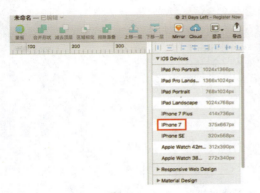
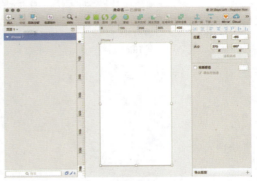

图 3-126　　　　　　　　　　　图 3-127

步骤 03 执行"文件 > 从模板新建 >iOS 用户界面设计"命令，如图 3-128 所示，弹出如图 3-129 所示的页面。

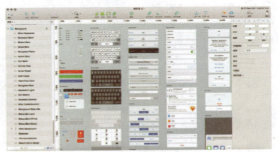

图 3-128　　　　　　　　　　　图 3-129

步骤 04 在模板中找到如图 3-130 所示的内容，将其复制并粘贴到设计文档中，适当调整其位置，图像效果如图 3-131 所示。

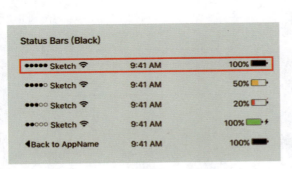

图 3-130　　　　　　　　　　　图 3-131

步骤 05 使用相同方法完成相似内容的制作，图像效果如图 3-132 所示。修改其内容，图像效果如图 3-133 所示。

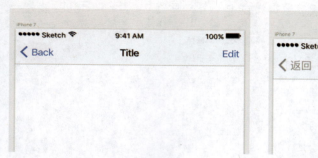
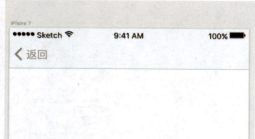

图 3-132　　　　　　　　　　　　　图 3-133

步骤 06 单击工作界面左上角的"插入"按钮，选择"形状 > 矩形"命令，如图 3-134 所示。在画板中绘制正方形，如图 3-135 所示。

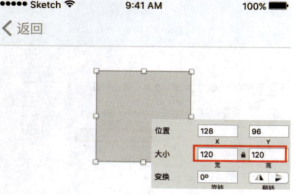

图 3-134　　　　　　　　　　　　　图 3-135

步骤 07 使用相同方法继续在画板中绘制圆角矩形，如图 3-136 所示。选中前两个圆角矩形，修改填充颜色为白色，如图 3-137 所示。

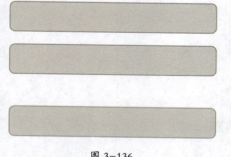

图 3-136　　　　　　　　　　　　　图 3-137

步骤 08 单击工作界面左上角的"插入"按钮，选择"文本"命令，如图 3-138 所示。在画板中输入文字，如图 3-139 所示。

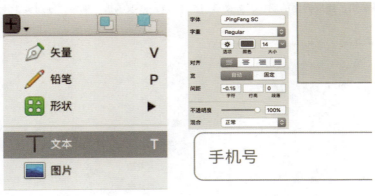

图 3-138　　　　　　　　图 3-139

步骤 09 使用相同方法完成其余文字的输入，如图 3-140 所示。单击工作界面左上角的"插入"按钮，选择"形状 > 圆角矩形"命令，如图 3-141 所示。

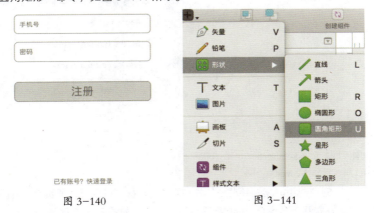

图 3-140　　　　　　　　图 3-141

步骤 10 在画板中绘制圆角矩形，并在检查器中修改参数，如图 3-142 所示。使用相同方法完成其余文字的输入，如图 3-143 所示。

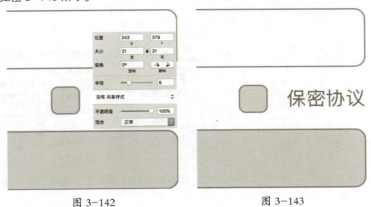

图 3-142　　　　　　　　图 3-143

提示：形状检查器在前文中进行了详细的介绍，通过更改参数可以更快地调整到用户需要的尺寸和位置。

步骤 11 将图层编组，完成界面的制作，如图 3-144 所示。修改画板名称为"注册页 1"，如图 3-145 所示。

图 3-144　　　　　　　　图 3-145

3.5.2　实战——注册页2线框图的绘制

最终文件	源文件 \ 第 3 章 \3-5-2.sketch
视频	视频 \ 第 3 章 \3-5-2.mp4

步骤 01 继续上一个案例的制作，复制并粘贴"注册页 1"画板，得到"注册页 2"画板，如图 3-146 所示。执行"文件 > 从模板新建 >iOS 用户界面设计"命令，如图 3-147 所示。

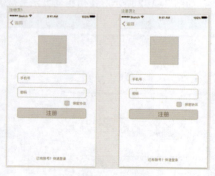

图 3-146　　　　　　　　图 3-147

步骤 02 在模板中找到如图 3-148 所示的内容，将其复制并粘贴到设计文档中，适当调整其位置，图像效果如图 3-149 所示。

图 3-148　　　　　　　　　图 3-149

> 提示：键盘的选择对于用户体验有极大的影响，要时刻替用户考虑，此处是输入手机号，只用数字键即可，因此采用数字键键盘，减少用户切换键盘的可能性。

步骤 03　单击工作界面左上角的"插入"按钮，选择"形状 > 直线"命令，如图 3-150 所示。删除画板中的文字并绘制一条直线，如图 3-151 所示。

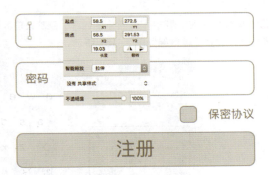

图 3-150　　　　　　　　　图 3-151

步骤 04　将图层编组，完成界面的制作，页面效果如图 3-152 所示，画板如图 3-153 所示。

图 3-152　　　　　　　　　图 3-153

3.5.3 实战——注册页3线框图的绘制

最终文件	源文件 \ 第 3 章 \3-5-3.sketch
视频	视频 \ 第 3 章 \3-5-3.mp4

步骤 01 继续上一个案例的制作,复制并粘贴"注册页2"画板,得到"注册页3"画板,如图 3-154 所示。执行"文件 > 从模板新建 >iOS 用户界面设计"命令,如图 3-155 所示。

图 3-154

图 3-155

步骤 02 在模板中找到如图 3-156 所示的内容,删除之前的键盘组件,将其复制并粘贴到设计文档中,适当调整其位置,图像效果如图 3-157 所示。

图 3-156

图 3-157

步骤 03 单击工作界面左上角的"插入"按钮,选择"文本"命令,如图 3-158 所示。删除之前的内容,在画板中输入文字,如图 3-159 所示。

图 3-158

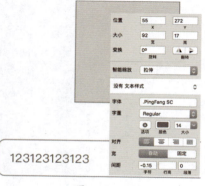

图 3-159

步骤 04 在模板中找到如图 3-160 所示的内容,将其复制并粘贴到设计文档中,适当调整其位置,图像效果如图 3-161 所示。

图 3-160　　　　　　　　　　　图 3-161

步骤 05 单击工作界面左上角的"插入"按钮,选择"形状 > 直线"命令,如图 3-162 所示。删除画板中的文字并绘制一条直线,如图 3-163 所示。

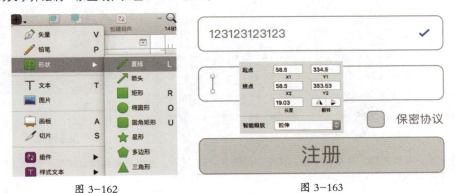

图 3-162　　　　　　　　　　　图 3-163

步骤 06 将图层编组,完成界面的制作,页面效果如图 3-164 所示,画板如图 3-165 所示。

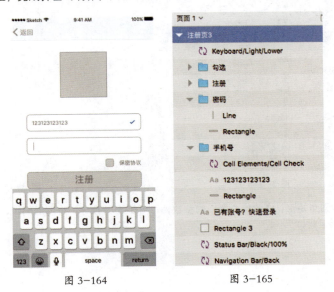

图 3-164　　　　　　　　　　　图 3-165

3.5.4 实战——注册页4线框图的绘制

最终文件	源文件 \ 第 3 章 \3-5-4.sketch
视频	视频 \ 第 3 章 \3-5-4.mp4

步骤 01 继续上一个案例的制作，复制并粘贴"注册页 3"画板，得到"注册页 4"画板，如图 3-166 所示。单击工作界面左上角的"插入"按钮，选择"文本"命令，如图 3-167 所示。

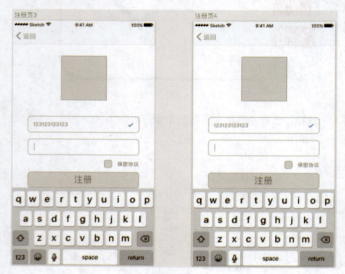

图 3-166   图 3-167

步骤 02 删除之前的内容，在画板中输入文字，如图 3-168 所示。选中底部的键盘组件，删除该组件，如图 3-169 所示。

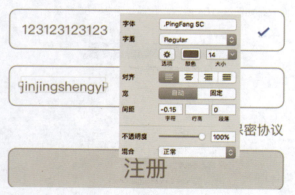

图 3-168   图 3-169

步骤 03 选中底部的圆角矩形，修改检查器中的参数，如图 3-170 所示。将图层编组，完成界面的制作，页面效果如图 3-171 所示。

图 3-170   图 3-171

3.6 绘制线框原型的思考

在绘制线框原型的时候，要把握好效率，不要过分去追求细节与视觉效果，当然能做到彼此兼顾更好，所以要灵活运用 Sketch 的复制粘贴以及智能辅助线等功能，做到又快又准。

> 提示：绘制线框原型时对图层的命名和编组没有严格要求，但是建议用户从一开始就养成命名和编组的好习惯，这样在后续对文档进行修改时会方便很多，在做交互细节图时也会提升效率。

在进行输入框和按钮设计的时候，一定要有明显的差异性区分，不要出现如图 3-172 所示的情况，若有输入框，按钮最好不要使用此种样式进行线框原型绘制，这样会让人产生误解，不容易发现这是个按钮。

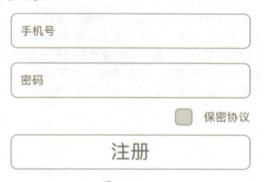

图 3-172

在实际工作中，拿到线框原型后，不要立刻上手开始设计，应仔细对原型图进行分析，确保没有逻辑等错误，有任何疑问应该及时和相关人员沟通，避免无效设计。

3.7 专家支招

通过本章的学习，相信用户对使用 Sketch 绘制线框图有了一定的了解，下面为用户解答两个常见的问题。

3.7.1 画好App线框图的要点有哪些？

- 了解自己的目标：一个线框图可以有效地提高用户的工作效率，修改计划内容远比在工作开始后再更正要来得更容易。先制定计划，提出问题、意见，以便解决问题。
- 重功能，轻外观：计划展示的效果主要体现在所采用工具的多样性上，从根本上说都是介绍 App 有关功能部分的应用。
- 积累自身经验：并不一定要求用户具备设计和开发的能力，而需要的是在移动 UI 应用或者其他 App 设计上积累的经验。
- 确定负责人：确保有人对整个计划负责，负责人需要跟进和管理反馈、变化等。
- 涉及每个人：也许不是第一次会议能够解决的问题，但是必须在纸上锁定一个简单的方案并且是涉及关键利益者的想法。
- 预先留出时间和交付期限：对保持项目运行是非常重要的。最初线框图可以是一天或是几天，具体取决于应用程序的大小，但都需要设定一个时期并且坚持下去，保持项目进程。
- 保持清洁：如果一个特别的 App 只需两个文本框和一个按钮，那么只要有这些即可，不多不少。
- 避免设计的线框图太多：线框图只要阐述如何达到所需功能，不包括任何介绍和设计的内容。尽量避免任何有关设计的内容，这样很容易分散客户的注意力。
- 记住用户界面不是用户体验：线框图是关于功能元素而不是方案展示或者互动的方法。为了更直观地展示应用，侧重于线框图。
- 替用户着想：重点是功能，但是同样要考虑用户的体验。
- 避免懒惰：线框图效果很简单，确保线框图包含计划的所有内容后，在项目的末尾应该为用户提供一个详细的说明，以帮助用户理解功能。

3.7.2 线框原型的优势有哪些？

线框图的制作是快速而廉价的，特别是当用户使用诸如 Sketch、Balsamiq 或 Axure 这样的软件来制作的时候。当然，线框图也理当是在设计之初就使用这些工具来制作。比起创建一个完整、细致、高保真的线框图，搜集反馈信息来得更加重要。

一般而言，用户更注重软件的功能、信息架构、用户体验、用户交互流程图、可用性，而不是考虑这些因素的美学特征。同时，在这种情况下，根据需求进行修改也无须涉及代码调整和图形编辑。

3.8 本章小结

在本章中，重点向用户介绍了如何使用 Sketch 绘制线框原型，以及绘制线框原型的一些注意事项和思路。相信通过之前的学习，用户对 Sketch 的基本用法应该掌握了，从下一章开始将向大家介绍 UI 界面的设计，也会讲到 Sketch 更深层次的内容。

04
Chapter

使用Sketch设计图标

图标设计是UI设计中一项重要的组成部分。优秀的图标设计在符合整个界面风格的同时，还可以起到很好的引导作用，帮助用户快速找到感兴趣的内容。本章将针对图片设计进行讲解，并针对在Sketch中的插入面板进行详细介绍，同时通过使用Sketch的各种工具完成不同系统风格的图标设计与制作。

本章知识点：
- ★ 掌握图标设计的原则
- ★ 了解不同系统中图标设计的不同
- ★ 掌握Sketch的插入面板
- ★ 掌握图形的布尔运算操作
- ★ 了解图标的存储格式

4.1 图标的设计准则

图标设计反映了人们对于事物的普遍理解，也同时展示了社会、人文等多种内容。当今的社会已经是一个高度视觉化的社会，图形语言在很大程度上替代了传统的语言，使人们可以快速地进行视觉交流。

4.1.1 图标设计的必要性

要想设计出好的图标作品，就要首先了解图标设计的应用价值。

首先图标设计是视觉设计的重要组成部分，其基本功能在于提示信息与强调产品的重要特征，以醒目的信息传达让用户知道操作的必要性，如图 4-1 所示。

图 4-1

图标设计可以使产品的功能具象化，更容易理解。常见的很多图标元素本身在生活中就经常见到。这样做可以使用户通过一个常见的事物理解抽象的产品功能，如图 4-2 所示。

图 4-2

图标的使用可以使产品的人机界面更具吸引力，富含娱乐性。在设计一些特殊领域的图标时，可以使图标的风格更具娱乐性，在描述功能的同时吸引人们的注意力，并留下深刻印象，如图 4-3 所示。某些特征明显、娱乐化的图标设计往往给用户留下深刻印象，对产品的推广起到良好的作用。

图 4-3

统一的图标设计风格形成产品的统一性，代表了产品的基本功能特征，凸显了产品的整体性和整合程度，给人以信赖感，同时便于记忆。

美观的图标是一个好的界面设计的基础。无论是何种行业，用户总是喜欢外观美观的产品，美观的产品总会为用户留下良好的第一印象，如图 4-4 所示。在时下流行的智能终端上，产品的操作界面更能体现个性化的美和强化装饰性的作用。

图 4-4

图标设计也是一种艺术创作，极具艺术美感的图标能够提高产品的品位。目前图标设计已经成为企业 VI 中的一部分，图标不但要强调其示意性，还要强调产品的主题文化和品牌意识，将图标设计提高到一个前所未有的高度，如图 4-5 所示。

图 4-5

图标作为产品风格的组成部分,通过采用不同的表现方法,可以使图标传达不同的产品理念,既可以选择使用简洁线条表现简洁、优雅的产品概念,也可以使用写实的手法表现产品的质感,突出科技感和未来感。

> 提示:在人机交互流行的时代,选择屏幕宣传产品是最佳的选择,图标的使用可以在很短的时间内向用户展示产品的功能和用途,而且这样的宣传方法不受时间、地域等各种因素的影响。

4.1.2 了解图标的属性

很多图标看似相同,但从它们的基本属性上分析却有很大的不同。图标的属性包括类型、尺寸、颜色数量、透明效果、阴影效果、倾斜、风格等。

1. 类型

图标分为矢量图标和位图图标两种。由于位图图标的效果比较丰富,所以目前大部分的图形界面中都采用位图图标。只有少数系统中才单纯地使用矢量图标,例如 IRIX Interactive Desktop 系统。

由于现在高像素密度的显示器和一些低像素密度的显示器同时存在,在图标设计中使用矢量图形就会更灵活,如图 4-6 所示。而且使用矢量图形将不用为同一个图标创建不同尺寸的版本,使用渐变的效果(像增加倾斜和缩放效果)也更容易,增加其他的一些视觉效果(像阴影效果)也更容易。反锯齿和其他的一些技术保证了使用矢量图形实现的效果跟使用位图实现的效果差不多。

矢量图　　　　　　　　　　位图

图 4-6

2. 尺寸

由于早期的系统在图形上的功能比较弱，大多数早期的图标采用的都是 32 像素 ×32 像素的尺寸。但也有一些例外，像 NeXTSTEP 系统就采用了 48 像素×48 像素的尺寸。

近年来，图标的设计者们慢慢摆脱了图标面积为 1 024 像素的限制。Mac OS X 采用了 128 像素×128 像素的尺寸，Windows XP 采用了 64 像素×64 像素的尺寸。一些流行的操作系统也采用了大的尺寸。为了使图标保持兼容性和通用性，可以在所有系统中正常显示，在设计图标时要设计一个较小的尺寸，如图 4-7 所示。同时，尺寸为 16 像素×16 像素或 24 像素×24 像素的图标也在操作系统中被使用。

图 4-7

3. 颜色数量

图标颜色的数量一直在稳定发展，从最早的 1 位两种颜色（通常是黑色和白色），到 4 位 16 种颜色，再到 8 位 256 种颜色，如图 4-8 所示。随着图标制作技术的发展，越来越丰富的颜色将被应用到图标设计中，甚至会出现远远超过人类眼睛分辨的百万种颜色的图标。

图 4-8

4. 透明效果

在最新的图形界面中，透明效果扮演着很重要的角色。透明图标的使用，更好地表现了图标的质感，可以更好地彰显图标的功能，如图 4-9 所示。

图 4-9

5. 阴影效果

使用伪 3D 视图表现图标的立体效果的方法越来越普及，在图标中也逐渐使用了阴影效果，如图 4-10 所示。但是，最近流行的设计风格中，阴影效果通常被设计得不连续却很精细。

图 4-10

6. 倾斜

许多不同系统的图标使用了不同的倾斜效果，例如 Copland、BeOS、Windows XP、Mac OS X 等。图标的倾斜通常会导致图标的不一致。在 Windows XP 里采用了两种倾斜，但它们没有很好地融合在一起，如图 4-11 所示。在 Mac OS X 里面，图标的倾斜应用得比较好，如图 4-12 所示。

图 4-11　　　　　　　　　　　　图 4-12

7. 风格

早期的图标很抽象，可能只是为了表示一些概念。后来，图标渐渐支持更多的颜色，在"抽象和具体"之间不断平衡。目前，大多数图标都应用了现实主义的手法。Mac OS X 里的图标的内容比之前版本的图标内容多了 512 倍，如图 4-13 所示。但是这对于要清楚地表现图标含义还远远不够。

图 4-13

4.1.3 不同系统中的图标格式

图像的格式有很多种，能用作图标的并不多。不同系统中对图标格式的要求也不同。常见的图标格式有 PNG、ICO、ICL 和 IP 等。接下来针对这几种图标逐一介绍。

1. PNG

PNG 格式是一种可移植的网络图像文件格式，是 Adobe 公司出品的 fireworks 的专业格式，这个格式使用于网络图形，支持背景透明，如图 4-14 所示。缺点是不支持动画效果。它使用的压缩技术允许用户对其进行解压，优点在于不会使图像失真。

图 4-14

同样一张图像的文件尺寸，BMP 格式最大，PNG 其次，JPEG 最小。根据 PNG 文件格式不失真的优点，一般将其使用在 DOCK 中作为可缩放的图标。

2. ICO

ICO 格式是 Windows 操作系统中使用的图标文件格式。这种文件格式广泛存在于 Windows 系统中的 DLL 、EXE 文件中。

如果要为 Windows 系统中的应用程序更换图标，就需要选择 ICO 格式的文件。需要注意的是只有 Windows XP 以上的系统支持带 Alpha 透明通道的图标，低版本的 Windows 中则不支持透底的图标效果。

3. ICL

严格来说，ICL 文件是一个图标集文件。文件内只用来保存图标，可以将其理解为按一定顺序存储的图标库文件。ICL 文件在日常应用中并不多见，一般是在程序开发中使用。ICL 文件可用 IconWorkShop 等软件打开查看。

> 提示：IconWorkShop 是一款专业的图标制作软件、转换工具。可以用来创建专业图标；导入现有图像自动生成图标；进行 Mac OS 和 Windows 系统图标转换/批量转换等工作。

4. IP

IP 格式是 Iconpackager 软件的专用文件格式。它实质上是一个改了扩展名的 rar 文件，用 WinRAR 可以打开查看（一般会看到里面包含一个 .iconpackage 文件和一个 .icl 文件）。

4.1.4 不同系统图标的更换方法

用户可以对系统中的单个图标进行修改，也可以通过修改系统的主题，一次性更换掉所有的图标。针对不同的操作系统更换图标的方法也不同。

1. Windows 系统

在 Windows 系统中如果要更换某一个"快捷方式"或者"文件夹"的图标，首先在"快捷方式"或"文件夹"图标上单击鼠标右键，在弹出的菜单中选择"属性"选项，如图 4-15 所示。在"属性"对话框中单击"更改图标"按钮，如图 4-16 所示。然后在"更改图标"对话框中选择想更换的图标，单击"确定"按钮即可，如图 4-17 所示。

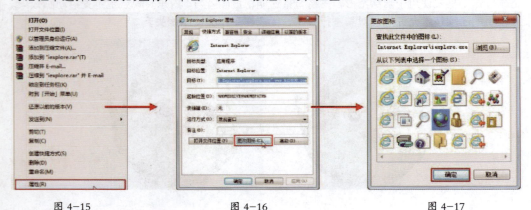

图 4-15　　　　　　　　图 4-16　　　　　　　　图 4-17

如果需要更换 Windows 系统图标，需要借助第三方软件，例如 IconPackager。打开 IconPackager 软件，单击"添加图标包"按钮，如图 4-18 所示。选择可以使用的图标文件，将其打开，图标将显示在列表中，如图 4-19 所示。单击"应用更改"按钮后，系统图标将被替换。

图 4-18　　　　　　　　　　　　图 4-19

2. 安卓系统

安卓系统中有很多应用程序图标，这些图标并不会被所有人喜欢。或者是某些程序不具备高分辨率的程序图标，造成在高分辨率的屏幕下图标显示效果较差。可以通过更换图标获得更好的效果。

更换安卓系统的图标需要在计算机上进行，同时系统中需要安装解压软件、DoAPK 和 Java 环境。

> 提示：DoAPK 是一款APK文件的编译与反编译工具（计算机端），可以对安卓系统的原apk程序进行美化和汉化。安装了Java环境可以使计算机支持Java运行。

首先找到需要更换图标的文件，通常扩展名为 APK。在文件上单击鼠标右键，在弹出的快捷菜单中选择"重命名"选项，将其修改为 rar 文件，并使用解压软件 WinRAR 打开，如图 4-20 所示。找到 res 文件夹，这个文件夹中存放的就是安装程序的资源文件，包括各种图片素材和声音素材等，如图 4-21 所示。

图 4-20　　　　　　　　　　　　　图 4-21

找到图标文件 app_icon.png 所在的位置，找到需要替换的图标，将其拖到 WinRAR 界面中直接覆盖原图标，如图 4-22 所示。需要注意替换的图标的格式、尺寸、名字和分辨率都要和原来的图标保持一致。

原图标　　　　替换图标

图 4-22

重新把软件的扩展名修改为 APK，打开 Doapk 软件，单击"单独制作 ROM 及 APK 签名"按钮，如图 4-23 所示。在弹出的对话框中单击"选择 APK 或者 ROM 文件"按钮，选择刚修改的 APK 文件，单击"制作签名"按钮，即可完成图标的修改，如图 4-24 所示。

图 4-23　　　　　　　　　　　　　图 4-24

3. iOS 系统

在苹果操作系统的更换方法比较简单，可以通过第三方软件直接实现应用程序图标的更换，例如 iBeauty For iPhone。

首先通过互联网下载并安装 iBeauty 软件。然后将苹果设备与计算机连接，双击启动 iBeauty，弹出"选择设备型号"对话框，如图 4-25 所示。根据个人的情况选择不同的苹果设备后，单击"确定"按钮启动软件，如图 4-26 所示。

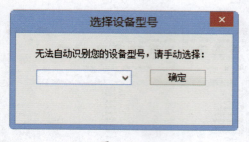
图 4-25

图 4-26

在左侧列表中选择"更改程序图标"选项,在对话框右侧选择"用户程序"选项卡,在下方将显示设备中所安装的所有程序,如图 4-27 所示。找到要替换图标的程序,单击"更换图标"按钮,如图 4-28 所示。

图 4-27

图 4-28

选择要更换的按钮,单击"确定"按钮,此时软件会弹出对话框提示备份原图标。单击"确定"按钮后即完成了程序图标的更换,如图 4-29 所示。重启设备后就可以看到更换了图标的效果。

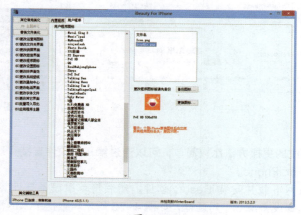
图 4-29

4.2 图标集的制作过程

在实际的设计工作中，图标往往都是成套出现的。在掌握了设计制作单个图标的方法和技巧后，下面了解一下如何制作一个图标集。

无论是制作单个图标还是整个图标集，首先需要明确图标最终的输出要求。也就是要知道设计出来的图标未来将应用到什么程序中。了解了最终的输出目的后有利于设计者选择正确的尺寸、色彩模式和输出格式。

一个完整的图标集往往是通过一个团队制作完成的。为了统一团队中每一个人的制作规范，避免出现制作效果不一致的现象，在开始制作前往往要通过文本的形式创建一个制作规范文档。在该文档中以列表的形式将制作图标的设计内容、规格尺寸、图标风格、输出格式、制作流程和时间进度等信息罗列出来，并由全体成员签字确认。

创建一个制作规范文档将有利于在设计制作过程中保持正确的方向和焦点，这是保证设计工作快速有效完成的前提。就算整个项目是由一个人独立完成的，也要在正式开始设计制作前制作一个规范文档。

4.2.1 创建制作清单

完成制作规范文档的创建后，就可以进入实质性的制作过程了。在开始制作之前要将所有要制作的图标分类。按照图标的不同种类、不同制作方法、不同输出要求以表格的形式罗列出来。完成一个图标后即对照该表检查，将完成的图标进行标记，可以很好地跟踪整个项目的制作进度，记录制作过程中的技术细节。

> 提示：制作清单的使用可以使设计者将注意力很好地集中在创建图标上。同时在制作列表中可以随时查找到制作进度，并督促制作者坚持制作下去，直至完成所有案例。

4.2.2 设计草图

草图对于图标设计来说尤其重要。在设计的最初阶段，设计者往往通过一个简单的线稿来获得灵感。尤其是要设计一些复制风格的作品，更需要使用草图将图标的概念隐喻以一种相对清晰简单的方式呈现。

可以使用铅笔在纸上绘制草图，也可以使用数字绘图板在计算机上绘制。绘制完成后将草图拿给身边的朋友或同事看，根据他们的反应做适当的修改。绘制时要将图标传达的寓意准确传达，并以统一的风格将整个图标集中的所有图标草图绘制出来，如图 4-30 所示。初次绘制的草图也需要根据设计要求多次修改调整，直到图标集寓意准确。

图 4-30

图 4-30（续）

4.2.3 数字呈现

　　草图绘制完成后，就可以使用计算机软件将其数字呈现了。常用的软件有 Photoshop、Illustratro 和 CorelDraw。图标的操作系统对图标的要求也不相同。所以在开始制作前可以先下载一个模板，仔细研究后，创建统一的尺寸和独有的色板，为制作图标做好准备。

　　制作过程中要合理地利用计算机软件的各种功能，例如合理利用符号和图案填充、存储通用的图层样式等。这样做既能提高工作效率，又可以保证图标集中所有对象具有相同的效果，如图 4-31 所示。

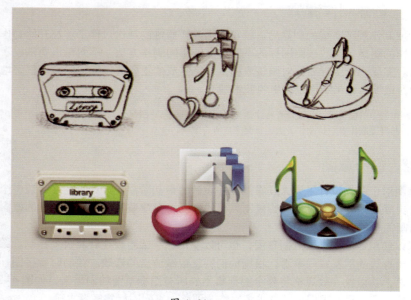

图 4-31

4.2.4 确定最终效果

　　绘制完成所有图标后，要针对一些共同的元素进行检查。例如，图标尺寸是否正确，图标是否对齐，颜色是否匹配等。一旦所有的图标都完成了评审，就可以为整个图标组创建一个图标，开始图标的最终测试。

　　应用程序的开发成员可以临时使用一个简陋的图标测试程序。也就是说图标对于整个应用程序的开发来说并不太着急。但是尽早地将图标应用到应用程序的测试环节，有利于发现图标的不足，有更充足的时间改进。

4.2.5 命名并导出

完成图标设计后，要将它们保存。一个明确又容易理解的文件名不仅可以帮助用户快速识别图标，还可以帮助用户快速排列图标，方便检查浏览。而且不同的操作平台对于图标的命名都有不同的命名习惯和文件夹结构。这些内容都应该在最初的规范文档中有所体现。避免由于混乱的命名造成不必要的麻烦。

> 提示：为图标命名时，尽可能地将图标的属性显示在文件中，例如图标的尺寸，就可以命名为icon-256px.ico。同时将不同格式的图标放在不同的文件夹中，方便查找使用。

4.3 使用Sketch插入面板

使用 Sketch 可以非常容易地完成各种图标的绘制，在开始讲解如何设计制作图标前，先来了解一下"插入"面板的使用。单击 Sketch 软件界面左上角的"+"按钮，弹出"插入"面板，如图 4–32 所示。

"插入"面板中一共包含了 9 种可插入元素，分别是矢量、铅笔、形状、文本、图片、画板、切片、组件和样式文本，如图 4–33 所示。接下来逐一进行介绍。

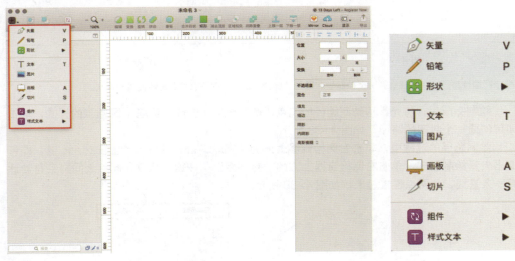

图 4–32   图 4–33

4.3.1 插入矢量

单击"插入"按钮，选择"矢量"选项，或者按快捷键 V，即可开始插入矢量图形的操作。此时光标变成"钢笔 + 加号"的形状。

> 提示：矢量工具通常是用来创建平滑的路径的。它和 Photoshop 等软件中的钢笔工具的原理和使用方法基本相同。

111

1. 绘制路径

使用"矢量"工具在页面中单击即可创建一个锚点，移动光标将产生一条以锚点为起点的路径线，如图4-34所示。移动光标到页面的另一个位置，单击即可创建一条直线路径，如图4-35所示。

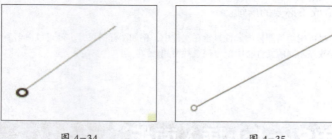

图4-34　　　　　　　　　　图4-35

提示：创建直线路径时，按住Shift键的同时移动光标可以创建水平、垂直或者倾斜45°的路径。

如果想要创建曲线路径，只需在路径的终点按下鼠标左键拖曳即可，如图4-36所示。移动光标到页面的另一处，单击并拖曳可以继续绘制曲线路径，效果如图4-37所示。

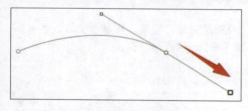 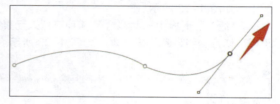

图4-36　　　　　　　　　　图4-37

提示：曲线路径由一个锚点、两个控制轴和路径三部分组成。拖动控制轴会影响曲线的形状。

绘制完成后，将光标移动到路径的起点，此时鼠标将变成"钢笔+圆圈"的样式，单击即可创建一个封闭的路径，如图4-38所示。

绘制路径的过程中，单击右侧检查器上方的"完成编辑"按钮，或者按下esc键，即可退出矢量绘制模式。单击右侧检查器上方的"封闭路径"按钮，终点和起点之间将会自动计算一条直线，将两点连接起来，如图4-39所示。

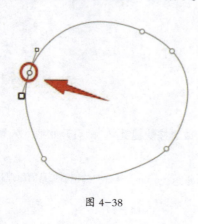 

图4-38　　　　　　　　　　图4-39

2. 编辑路径

路径绘制完成后，通常需要对其进行编辑调整。选择想要编辑的曲线图层，按下 enter 键或者在曲线上双击左键，即可进入曲线编辑模式。

在想要编辑的锚点上单击，即可选中当前锚点。用户可以通过单击右侧检查器中的按钮，转换锚点类型，如图 4-40 所示。

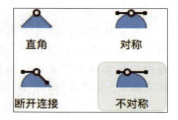

图 4-40

- 直角

在该状态下，锚点为直线锚点。锚点两边没有控制轴。如果想要直角产生弧度，可以通过设置检查器上的"圆角"数值，实现圆角效果，如图 4-41 所示。

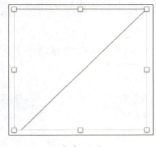

直角效果

设置圆角

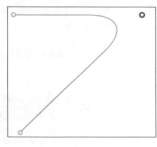

圆角效果

图 4-41

- 对称

在该状态下，锚点两侧的控制轴始终在一条直线上，并且两边的控制轴的长度始终一致，如图 4-42 所示。

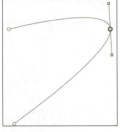

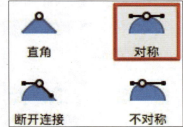

图 4-42

- 断开连接

在该状态下任一控制轴都可以随意调节且不会影响到另一个控制轴，如图 4-43 所示。

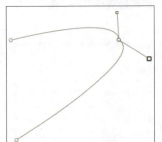

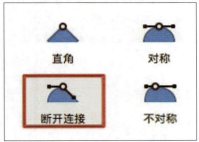

图 4-43

● 不对称

在该状态下，锚点的两个控制轴始终在一条直线上，但是两个控制轴的长度可以相互独立调整，如图4-44所示。

图 4-44

在实际的绘制过程中，常常需要为曲线添加锚点，以实现更复杂的图形效果。将光标移动到曲线路径上，单击即可添加一个锚点。如果要删除锚点，只需选中想要删除的锚点，按delete键即可删除。

提示：选中锚点后拖动光标即可完成移动锚点的操作。按住shift键并依次单击多个锚点，可以同时选中多个锚点。

实战——绘制简单书签图标

最终文件　源文件\第4章\4-3-1.sketch
视频　　　视频\第4章\4-3-1.mp4

步骤01 新建一个Sketch文件。单击"插入"按钮，选择"形状>矩形"选项，或者按快捷键R键，如图4-45所示。在页面中绘制一个矩形，如图4-46所示。

图 4-45

图 4-46

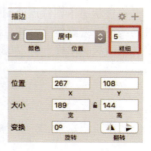

步骤02 双击矩形，进入编辑模式。选中左上角的锚点，修改检查器上的"圆角"值为42，效果如图4-47所示。按下V键，绘制如图4-48所示的图形。

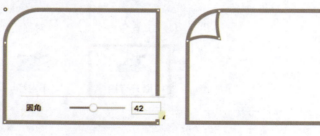

图 4-47　　　　　　　　图 4-48

步骤 03 勾选"填充"选项，单击填充色块，设置填充颜色为从#FFFFFF到#EEEAEADE线性渐变，如图4-49所示。退出编辑状态，调整渐变的角度和范围，如图4-50所示。

图 4-49　　　　　　图 4-50

步骤 04 按下T键，在页面中输入如图4-51所示的文本。设置文本检查器各项参数，如图4-52所示。

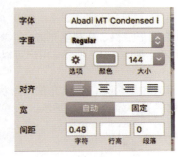

图 4-51　　　　　　图 4-52

使用 Sketch 绘制的图形通常都是矢量图，但是在实际使用时，这些图形通常会被转换为位图使用。为了保证转换前后的图形效果完全一致，用户可以在像素模式下对图形进行对齐像素的操作。

按下快捷键 control+P，进入像素模式，此时图形以像素的模式呈现，如图 4-53 所示。拖动选择刚刚绘制的图形，执行"图层 > 对齐像素"命令，准确地对齐图形的像素，对齐效果如图 4-54 所示。

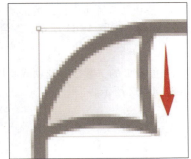

图 4-53　　　　　　图 4-54

4.3.2　插入铅笔

使用"铅笔"工具可以轻松地绘制图形。在"插入"面板中选择"铅笔"或者按下 P 键，在页面中按下左键开始绘制，绘制效果如图 4-55 所示。

使用"铅笔"工具可以绘制开放路径和闭合路径。可以连续不断地绘制多个图形，单击鼠标左键，即可结束绘制。

使用"铅笔"工具绘制的图形，同样可以在检查器中为其指定"填充"和"描边"颜色，如图 4-56 所示。

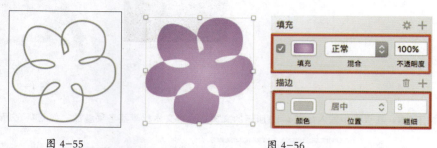

图 4-55　　　　　　　　　　　图 4-56

Sketch 为图形提供了 2 种填充方式。单击检查器上"填充"选项后的齿轮图标，弹出"添加填充"对话框，如图 4-57 所示。用户可以选择"奇偶性"填充和"非零性"填充，如图 4-58 所示。

选择"非零性"填充，将填充整个形状，如图 4-59 所示。选择"奇偶性"填充，则会保留重叠的路径孔，如图 4-60 所示。

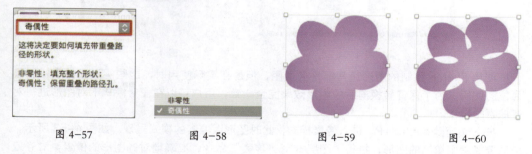

图 4-57　　　　图 4-58　　　　图 4-59　　　　图 4-60

4.3.3　插入形状

Sketch 为用户提供了 8 种可供插入的形状，分别是直线、箭头、矩形、椭圆形、圆角矩形、星形、多边形和三角形，如图 4-61 所示。综合使用这些工具，可以绘制出丰富多彩的图形。

1. 直线

选择"插入"面板上的"直线"选项或者按下 L 键，在页面中按下左键拖动，即可完成直线的绘制，如图 4-62 所示。

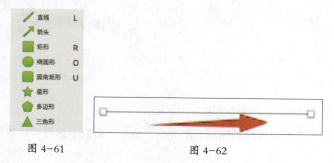

图 4-61　　　　　　　图 4-62

提示： 拖动绘制直线时，按下shift键的同时拖动，可以保证绘制0°、90°、45°的直线。

用户可以在检查器面板中设置直线的颜色、位置和粗细，如图 4-63 所示。单击"描边"选项右侧的齿轮图标，弹出"调整描边属性"对话框，如图 4-64 所示。

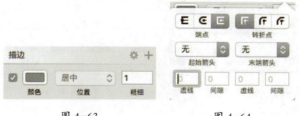

图 4-63　　　　　　　　图 4-64

用户可以在"调整描边属性"对话框中设置直线的端点样式和转折点样式。一共有 3 种端点样式，平头、圆头和方头，效果如图 4-65 所示。

图 4-65

描边的转折点样式也分为 3 种，分别是斜接连接、圆角连接和斜角连接，效果如图 4-66 所示。

图 4-66

用户可以为绘制的直线的起点和终点添加箭头。在"调整描边属性"对话框中的"起始箭头"和"末端箭头"下拉列表中选择箭头的样式，如图 4-67 所示。添加效果如图 4-68 所示。

图 4-67　　　　　　　　图 4-68

117

用户可以设置虚线和间隙的数值,如图4-69所示,实现虚线的绘制效果,如图4-70所示。

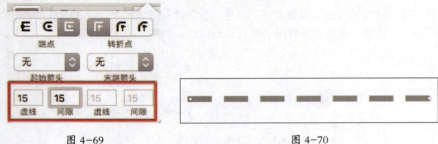

图 4-69　　　　　　　　　　　图 4-70

2. 箭头

选择"插入"面板上的"箭头"选项,在页面中按下左键拖动,即可完成箭头线条的绘制,如图4-71所示。箭头的绘制与直线基本一致,只是更方便用户快速绘制出带箭头的线条。

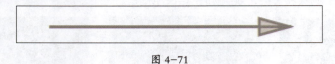

图 4-71

3. 矩形

选择"插入"面板上的"矩形"选项或者按下R键,在页面中按下左键拖动,即可完成矩形的绘制,如图4-72所示。绘制时按下shift键,可以保证矩形的长宽比,获得正方形,如图4-73所示。

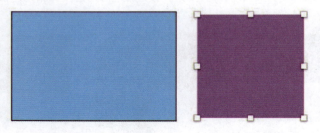

图 4-72　　　　　　　　　　　图 4-73

默认情况下绘制矩形是以鼠标左键按下的位置为中心,向右下角绘制,如图4-74所示。绘制时按下option键,可以实现由中心向外绘制矩形,如图4-75所示。

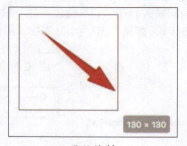 

默认绘制　　　　　　　　　按下 option 键绘制

图 4-74　　　　　　　　　　　图 4-75

4. 椭圆形

"椭圆"工具的使用和"矩形"工具相似。选择"插入"面板上的"椭圆形"选项或者按下 O 键，在页面中按下左键拖动，即可完成椭圆形的绘制，如图 4-76 所示。

5. 圆角矩形

"圆角矩形"工具的使用和"矩形"工具相似。选择"插入"面板上的"圆角矩形"选项或者按下 U 键，在页面中按下左键拖动，即可完成圆角矩形的绘制，如图 4-77 所示。在检查器面板中拖动"半径"滑块，可以实现圆角半径的调整，如图 4-78 所示。

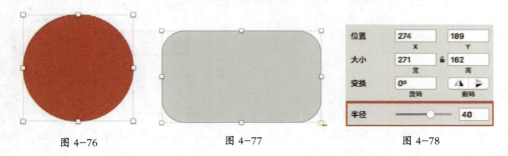

图 4-76　　　　　　　　图 4-77　　　　　　　　图 4-78

6. 星形

选择"插入"面板上的"星形"选项，在页面中按下左键拖动，即可完成星形的绘制，如图 4-79 所示。在检查器面板中拖动"半径"滑块，可以实现圆角半径的调整，如图 4-80 所示。

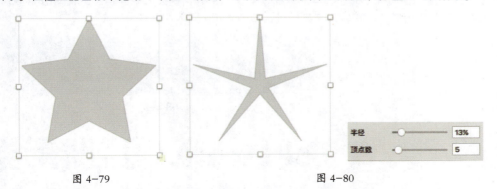

图 4-79　　　　　　　　　　　　图 4-80

拖动调整"顶点数"滑块，可以增加或减少星形的顶点数，如图 4-81 所示。

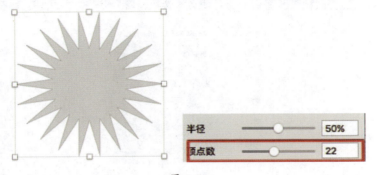

图 4-81

7. 多边形

选择"插入"面板上的"多边形"选项，在页面中按下左键拖动，即可完成多边形的绘制，如图 4-82 所示。在检查器面板中拖动"边数"滑块，可以实现多边形的边数调整，如图 4-83 所示。

图 4-82　　　　　　图 4-83

8. 三角形

在进行界面设计时，三角形的使用率非常高。Sketch 为用户提供了三角形工具，方便用户快速创建三角形。选择"插入"面板上"三角形"选项，在页面中按下左键拖动，即可完成三角形的绘制，如图 4-84 所示。

4.3.4　插入文本

选择"插入"面板上的"文本"选项或者按下 T 键，在页面中单击，出现如图 4-85 所示的输入文本提示符。直接输入文本即可，如图 4-86 所示。

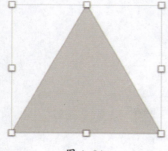

图 4-84

图 4-85

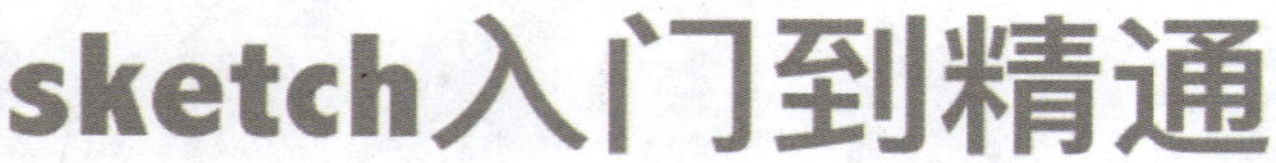

图 4-86

用户可以通过修改检查器面板上的各项文本参数，获得不同的文本效果，如图 4-87 所示。

图 4-87

4.3.5 插入图片

选择"插入"面板上的"图片"选项,在页面中单击,在弹出的浏览对话框中选择想要插入的图片,如图 4-88 所示。单击"打开"按钮,即可完成图片的插入操作,如图 4-89 所示。

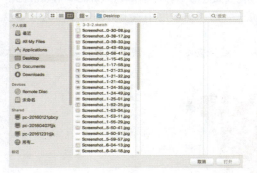

图 4-88

图 4-89

4.4 图形的布尔运算

使用 Sketch 需要绘制各式各样的图形,只依靠基础的绘制工具是远远不够的。用户可以通过使用布尔运算,实现更多、更丰富的图形效果。

默认情况下,布尔运算功能在工具栏上,共包括了"合并形状""减去顶层""区域相交"和"排除重叠"4 种方式,如图 4-90 所示。

图 4-90

> 提示:默认情况下,布尔运算按钮为灰色状态,不能使用。只有同时选择2个或以上的图形时,才可使用。

1. 合并形状

使用"椭圆形"工具在页面中绘制两个不同颜色的椭圆,如图 4-91 所示。同时选择两个图形,单击工具栏上的"合并形状"按钮或者按快捷键 option+command+U,即可将两个图形合并为一个图形,保留在同一个图层上,如图 4-92 所示。

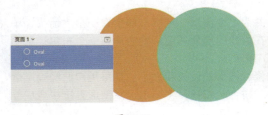

图 4-91

图 4-92

提示：合并后的图形，描边变成同一个描边，颜色与下方图层颜色相同。

2. 减去顶层

同时选择两个图形，单击工具栏上的"减去顶层"按钮或者按快捷键 option+command+S，即可将两个图层合并为一个图层，上方图层被减去，且下方图层中被上方图层覆盖的区域也被减去，如图 4-93 所示。

执行"减去顶层"操作后，双击图形可以移动被减去图形的位置，调整被减去图形的大小，如图 4-94 所示。

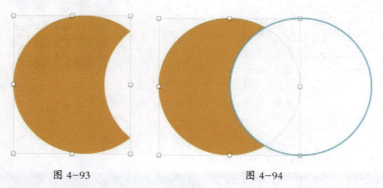

图 4-93　　　　　　　　　图 4-94

3. 区域相交

同时选择两个图形，单击工具栏上的"区域相交"按钮或者按快捷键 option+command+I，两个图层经过运算只剩下相交区域，且颜色取决于下方图层颜色，如图 4-95 所示。

4. 排除重叠

同时选择两个图形，单击工具栏上的"排除重叠"按钮或者按快捷键 option+command+X，两个图层中重叠的部分将会被减去，且颜色变成下方图层颜色，描边相互封闭，如图 4-96 所示。

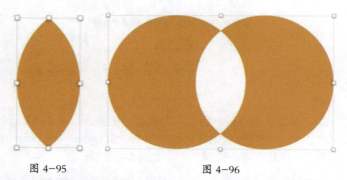

图 4-95　　　　　　　　　图 4-96

在图层列表中，进行了布尔运算的图层合并为一个图层，图层左侧会有一个小箭头，单击箭头即可展开，可以对原始图层进行调整。在原始图层顶部图层的右侧有一个布尔运算的标记，单击即可快速切换运算规则，如图 4-97 所示。

图形进行布尔运算操作后，双击可以再次修改图形的位置和大小。如果用户已经确定运算效果，不再进行修改，可以单击工具栏上的"拼合"按钮，将布尔运算图形直接拼合成普通图形，如图 4-98 所示。

提示：布尔运算支持多个图层间的运算，而不仅限于两个图层。而且图层顺序不同，执行相同的运算也会得到不一样的效果。

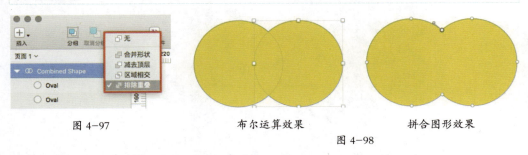

图 4-97　　　　　　　　布尔运算效果　　　　　　　拼合图形效果

图 4-98

实战——绘制属性设置图标

最终文件	源文件 \ 第 4 章 \4-4.sketch
视频	视频 \ 第 4 章 \4-4.mp4

步骤 01 新建一个Sketch文件。单击"插入"按钮，选择"形状>星形"选项。按住shift键在页面中拖曳绘制一个星形，如图4-99所示。在右侧的检查器中设置顶点数为8，效果如图4-100所示。

图 4-99　　　　　　　　　　　　　　　　图 4-100

步骤 02 选择"形状>椭圆形"选项，按下option键的同时以星形的中心为起点在页面中绘制如图4-101所示的图形。拖动选中两个图形，单击工具栏上的"区域相交"按钮，得到如图4-102所示的图形效果。

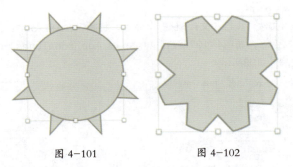

图 4-101　　　　　　　　图 4-102

提示：绘制椭圆时，将光标移动到星形中部，当出现两条红色的智能辅助线时，即是星形的中心。

步骤 03 使用"椭圆"工具绘制如图4-103所示的图形效果。同时拖动选中两个图形，单击工具栏上的"排除重叠"按钮，图形效果如图4-104所示。

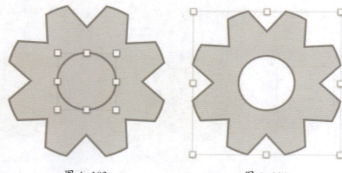

图 4-103　　　　　　　　图 4-104

步骤 04 使用"圆角矩形"工具绘制圆角矩形，在检查器中设置圆角和填充颜色，如图 4-105 所示。单击鼠标右键，选择"下移一层"命令，图标效果如图 4-106 所示。

提示： 执行布尔运算后，用户可以双击进入编辑状态，调整图形，对布尔运算的效果进行修改。

图 4-105　　　　　　　　图 4-106

4.5　实战——绘制iOS App图标

最终文件	源文件 \ 第 4 章 \4-5.sketch
视频	视频 \ 第 4 章 \4-5.mp4

步骤 01 新建一个Sketch文件，执行"文件>保存"命令，将其保存为4-5.sketch。执行"文件>从模板新建>iOS应用图标"命令，如图 4-107 所示。将Assets/App Icon/iTunesArtwork画板复制到4-4.sketch页面中，效果如图 4-108 所示。

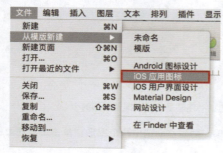　　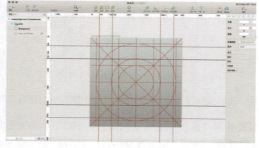

图 4-107　　　　　　　　图 4-108

步骤 02 依次选择两个图层,在右侧的检查器中取消图层共享样式,如图4-109所示。单击Grid图层后面的眼睛图标,将其隐藏,如图4-110所示。

图 4-109　　　　　　　　　图 4-110

步骤 03 选择background图层,在检查器上修改其填充颜色为从#CED5DF到#A9B0C2的线性渐变,如图4-111所示。背景填充效果如图4-112所示。

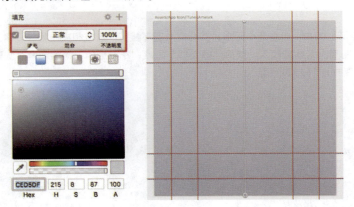

图 4-111　　　　　　　　　图 4-112

步骤 04 使用"椭圆形"工具在页面中绘制一个椭圆形,设置"填充"颜色为#ACBCCD,如图4-113所示。选择图形,单击检查器中"阴影"选项右侧的"+"按钮,为其添加颜色为#FFFFFF的阴影效果,如图4-114所示。

图 4-113　　　　　　　　　图 4-114

提示:绘制椭圆时,注意最好新建图层或图层组,这样便于图形的管理和绘制。

步骤 05 单击"内阴影"选项后面的"+"按钮,为其添加颜色为#000000的内阴影效果,效果如图4-115所示。分别绘制两个椭圆形,单击"区域相交"按钮,得到如图4-116所示的圆环图形效果。

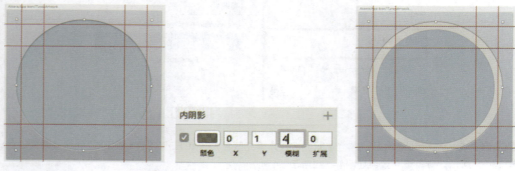

图 4-115　　　　　　　　　　　图 4-116

步骤 06 使用"矩形"工具,绘制两个矩形,并分别与圆环执行"区域相交"操作,得到如图4-117所示的效果。双击图形进入编辑模式,使用"椭圆形"工具,在图形的一端绘制一个圆形,退出图形编辑模式,图形效果如图4-118所示。

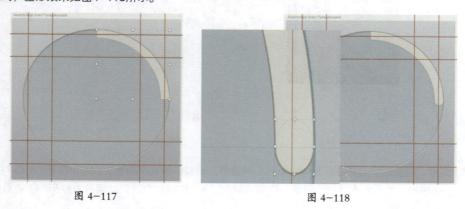

图 4-117　　　　　　　　　图 4-118

步骤 07 选择图形,为其添加从#0171FC到#00DAFD的线性渐变,填充效果如图4-119所示。使用"椭圆"工具绘制如图4-120所示的椭圆形。

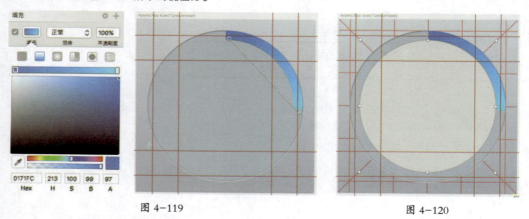

图 4-119　　　　　　　　　　　图 4-120

步骤 08 在检查器中设置"填充"颜色为从#FFFEFF到#BABABA的线性渐变,填充效果如图4-121所示。分别为其添加阴影颜色为#000000的阴影效果,如图4-122所示。

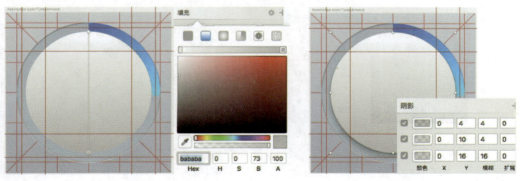

图 4-121　　　　　　　　　　　　　　　图 4-122

步骤 09 继续为其添加颜色为#FFFFFF、#FFFFFF和#000000的内阴影效果,如图4-123所示。继续使用相同的方法绘制椭圆形,设置"填充"颜色为从#D7D7D7到#EBEBEB的线性渐变,效果如图4-124所示。

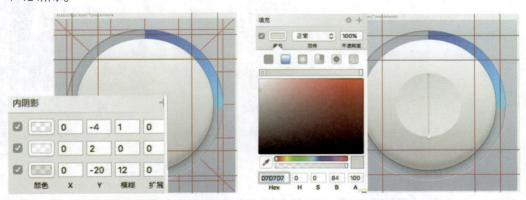

图 4-123　　　　　　　　　　　　　　　图 4-124

步骤 10 使用"三角形"工具在页面中绘制一个三角形,取消比例锁定,调整比例,如图4-125所示。双击进入编辑模式,分别设置三个顶点的"圆角"值为7,如图4-126所示。

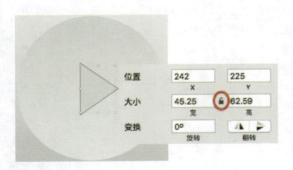 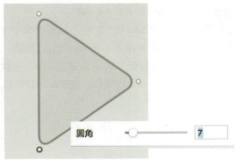

图 4-125　　　　　　　　　　　　　　　图 4-126

步骤 11 修改其"填充"颜色为#A3B4C6,如图4-127所示。为其添加#FFFFFF的阴影和#000000的内阴影效果,图形效果如图4-128所示。

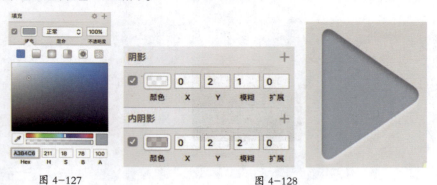

图 4-127　　　　　　　　图 4-128

步骤 12 隐藏Grid图层组,完成的图标效果如图4-129所示。如果需要展示圆角矩形图标的效果,则可以隐藏Background图层,显示App Icon Shape图层,效果如图4-130所示。

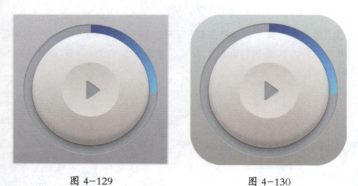

图 4-129　　　　　　　　图 4-130

提示:用户如果需要其他形状的按钮,可以直接绘制图形后将其移动到App Icon Shape下方,然后隐藏App Icon Shape图层,并为图形设置渐变填充即可。

4.6　实战——绘制音乐应用图标

最终文件　源文件 \ 第 4 章 \4-6.sketch
视频　　　视频 \ 第 4 章 \4-6.mp4

步骤 01 新建一个Sketch文件,执行"文件>保存"命令,将其保存为4-6.sketch。选择"插入"面板上的"画板"选项或者按A键,在页面中创建一个800×600的画板,如图4-131所示。

图 4-131

步骤 02 使用"圆角矩形"工具在页面中绘制一个261×261的圆角矩形,在检查器中设置"半径"为69,效果如图4-132所示。

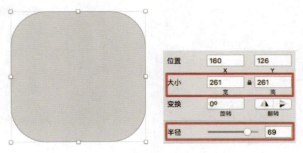

图 4-132

步骤 03 在检查器中设置"填充"颜色为从#A67FF6到#9865C7的线性渐变,如图4-133所示。使用"椭圆"工具在页面中绘制一个白色的椭圆,双击编辑图形,效果如图4-134所示。

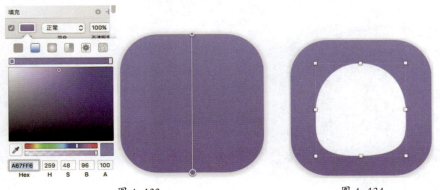

图 4-133　　　　　　图 4-134

步骤 04 按下option键的同时拖动图形,复制出一个图形,效果如图4-135所示。使用"减去顶层"的布尔运算操作,得到如图4-136所示的效果。

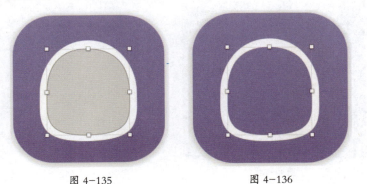

图 4-135　　　　　　图 4-136

步骤 05 使用"圆角矩形"工具在页面中绘制如图4-137所示的圆角矩形。使用"减去顶层"的布尔运算操作,得到如图4-138所示的效果。

图 4-137　　　　　　　　　图 4-138

步骤 06 使用相同的方法，制作如图4-139所示的图形效果。设置"填充"颜色为#F3D414，使用"椭圆形"工具绘制如图4-140所示的椭圆形。

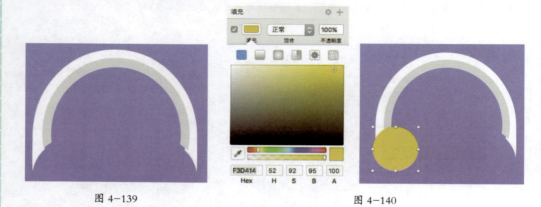

图 4-139　　　　　　　　　图 4-140

步骤 07 绘制矩形，与椭圆进行"减去顶层"布尔操作，得到如图4-141所示的效果。按下Option键复制图形，使用工具栏上的"旋转"工具旋转图形，得到的效果如图4-142所示。

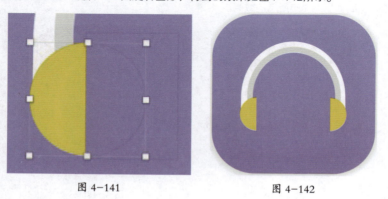

图 4-141　　　　　　　　　图 4-142

步骤 08 使用"铅笔"工具或者按下P键，设置"描边"颜色为白色，在页面中绘制如图4-143所示的路径。选择"圆角矩形"工具，设置"填充"颜色为#744FC1，在页面中绘制一个半径为33的圆角矩形，如图4-144所示。

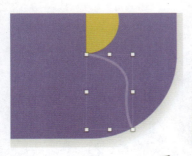

图 4-143　　　　　　　　　　　　　　图 4-144

步骤 09 使用"矩形"工具，设置"填充"颜色为#4B2D8A，在页面中绘制如图4-145所示的矩形。单击工具栏上的"蒙版"按钮，得到如图4-146所示效果。

图 4-145　　　　　　　　　　　　　　图 4-146

步骤 10 按下Option键复制图形，并移动到如图4-147所示的位置。为了保证按钮的轮廓，将最外面的圆角矩形图层移动到所有图层下，并修改名称为Mask，单击"蒙版"按钮，将其作为所有图层的蒙版，图层检查器效果如图4-148所示。

图 4-147　　　　　　　　　　　　　　图 4-148

步骤 11 完成图标的绘制后，执行"文件>保存"命令，将文件保存为4-6.sketch。在"插入"面板中选择"切片"选项，在圆角矩形上单击，切片效果如图4-149所示。拖动四周的控制点，使切片与圆角矩形重合，如图4-150所示。

图 4-149　　　　　　　　　　　图 4-150

步骤 12 执行"文件>导出"命令，在弹出的"导出切片"对话框中选择要导出的图标，如图4-151所示。单击"导出"按钮，输入名称，选择导出的位置，单击"保存"按钮，如图4-152所示，完成文件的导出。

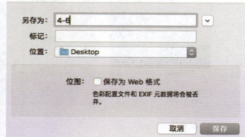

图 4-151　　　　　　　　　　　图 4-152

4.7　图标的源文件格式

一般情况下，从互联网上获取的源文件有 4 种格式，分别是 Sketch、AI、eps 和 psd，如图 4-153 所示。

图 4-153

1. Sketch 格式

Sketch 生成的源文件的后缀为 .sketch。随着 Sketch 软件的日益普及，网上很多资源都采用了该格式。下载 Sketch 文件后，使用鼠标左键双击即可在 Sketch 中打开，然后继续对其进行各种操作。

2. AI 格式

AI 格式是 Illustrator 生成的文件格式，也是最为常见的一种矢量格式源文件。这种格式不能被 Sketch 直接导入。如果直接将 .ai 文件拖入 Sketch，Sketch 会将此文件的内容合成为一个位图，用户将无法对该素材进行再次编辑。

如果要使用 ai 素材，可以将其在 Illustrator 中打开，然后选择导出为 SVG 格式，然后再次导入 Sketch 中即可。

3. eps 格式

Sketch 可以直接打开大多数的 eps 文件。对于一小部分无法打开的文件，可以使用 Illustrator 打开，然后另存为 SVG 格式，再将 SVG 格式在 Sketch 中打开即可。

4. PSD 格式

PSD 是 Photoshop 生成的文件格式。这种格式也不能直接导入 Sketch 中使用。可以先在 Photoshop 中打开，然后选择导出为 eps 格式。再将导出的 eps 文件拖入 Sketch 中打开。如果无法正确识别，可将 eps 文件在 Illustrator 中打开，另存为 SVG 格式。

4.8 专家支招

掌握使用 Sketch 绘制图标的方法和技巧是非常有必要的。同时绘制完成的图标也要符合系统的规范要求。利用丰富的互联网资源，找到自己想要的图标文件，可以大大地降低制作成本。

4.8.1 iOS系统中图标的尺寸

iOS 系统中包含了 2 种图标，一种是用户在系统界面中可以看到的各种功能图标；另一种是用作展示应用程序的展示型图标。

功能图标往往代表某一功能或者某一链接的跳转。在 iOS 系统中，功能型的图标尺寸如下表所示。

属性	iPhone 7 Plus	iPhone 7/6/5/4	Sketch 中 1 倍设计尺寸
工具栏和导航栏中的图标	约 66×66	约 44×44	约 22×22
标签中的图标	约 75×75（最大允许：144×96）	约 50×50（最大允许：96×32）	约 25×25（最大允许：48×32）

展示图标通常是应用程序的标识图标。在 iOS 系统中，展示型图标的尺寸如下表所示。

属性	iPhone 7 Plus	iPhone 7/6/5/4	Sketch 中 1 倍设计尺寸
桌面应用图标	180×180	120×120	60×60
App Store 图标	1 024×1 024	1 024×1 024	1 024×1 024
Spotlight 搜索图标	120×120	80×80	40×40
设置中的图标	87×87	58×58	29×29

4.8.2 如何获得专业图标

在实际进行图标设计时，特别是设计功能性图标时，常常会借助外部的资源。合理地使用资源，可以更好地完成设计工作。通常情况是通过在互联网上搜索专业的图标网站或资源网站，获得图标文件及其源文件。

4.9 本章小结

本章针对图标的设计制作过程进行了讲解。同时对 Sketch 的图形绘制工具以及布尔运算进行了详细的介绍。通过实用的图标制作案例，向用户展示了使用 Sketch 设计制作图标的全过程。掌握"插入"面板和布尔运算的使用，为制作更复杂的界面作品打下良好的基础。

05

Chapter

使用Sketch设计移动UI

从本章开始,正式向用户介绍苹果的iOS和安卓的Material Design的设计规范以及颜色和文字排版方面的一些知识,并通过对几个实例的讲解让用户有更深的体会。需要注意的是,虽然iOS和Material Design是针对两个平台的设计规范,但是两者在一些设计思想上是相通的,并且安卓App也并不是全部都使用了Material Design的设计。

本章知识点:
★ 掌握移动UI设计的原则
★ 了解界面设计的色彩搭配技巧
★ 熟悉并掌握Sketch的色彩应用
★ 了解Sketch中文字的创建与编辑

5.1 移动UI的设计原则

UI 设计的理念重点在于"交互"设计，优秀的 UI 设计界面，不仅仅是各种元素设计技巧的展现，更重要的是能够表现出用户的完美"体验感"。

一个移动界面想要吸引并留住客户，美观、实用并且简便的用户界面设计更是非常重要的一环，接下来将简单了解一下移动 UI 设计的基本原则，它会使用户的设计有意想不到的效果，如图 5-1 所示。

图 5-1

5.1.1 视觉一致性原则

无论是控件使用、提示信息措辞，还是颜色、窗口布局风格，都要遵循统一的标准，做到真正的一致，如图 5-2 所示。

侧边栏一般在菜单较多的时候使用，底边栏则是在菜单较少时使用，各有利弊。

图 5-2

> 提示：主色的选择上要斟酌一番，因为一旦确定了主色，就确定了整个界面的设计风格及面向人群，一般主色会采用与 Logo 相同或相似的色彩。

其具体要求如下所示。

➤ 有标准的图标风格设计，有统一的构图布局，有统一的色调、对比度、色阶，以及图片风格。
➤ 背景图应该融于底图，使用浅色、低对比，使用尽量少的颜色。
➤ 使用统一的语言描述，例如一个关闭功能按钮，可以描述为退出、返回、关闭，则应该统一规定。

5.1.2 视觉简易性原则

由于手机屏幕相对较小，只能展示较少的信息量，因此在移动 UI 设计过程中要注意，需要有清晰的信息架构，并且屏与屏之间的逻辑关系要清晰，让用户能一目了然地知道 App 的各个模块及能够自由切换，如图 5-3 所示。

图 5-3

> 提示：还要注意的是其界面必须简洁、操作简单，步骤少，层次不要太深，一般不超过3级。可利用多种提示方式，如声音、振动提醒，以吸引用户的视线。比如，快速体验移动触摸响应操作等。

5.1.3 从为用户考虑的角度出发

在设计手机界面时，要充分考虑手机的移动特性。从用户使用的角度出发，设计符合用户需求的界面。例如，在 App 开发过程中，需要考虑的最重要的核心功能是，App 的主要功能能否单手操作完成。常见的手势翻页交互效果如图 5-4 所示。

为了方便用户理解，此处采用了同一个 App 案例中的两个不同页面进行分析。两个页面中页面元素虽然相同，但是由于使用了不同的配色方案，给人的感觉也不同。

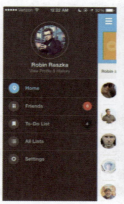

图 5-4

5.2 移动界面的色彩搭配与视觉效果

移动 UI 界面设计中，色彩是很重要的一个 UI 设计元素。运用得当的色彩搭配，可以为 UI 界面的设计加分。

UI 界面要给人简洁整齐、条理清晰的感觉，依靠的就是界面元素的排版和间距设计，还有色彩的合理搭配。

5.2.1 冷暖色调的对比

色彩的冷暖涉及个人生理、心理记忆和固有经验等多方面的原因，是一个相对感性的问题。

色彩的冷暖是互为依存的，其相互衬托、相互联系，并且主要通过它们之间的相互对比体现出来。手机界面上的冷暖色调对比如图 5-5 所示。

重点色的加入让平淡的界面变得活泼，同时突出了主题内容。

图 5-5

颜色属性也指颜色的冷暖属性，色彩的冷暖感觉是人们在长期生活实践中由联想而形成的。在同类色彩中，含暖意成分多的较暖，反之较冷。

> 提示：一般而言，暖色光使物体受光部分色彩变暖，而背光部分则相对呈现冷色光倾向，冷色光正好与其相反。

5.2.2 色彩的意向

色彩有各种各样的心理效果和情感效果，会让受众产生各种各样的感受和遐想。红色、橙色、黄色常使人们能够联想起东方旭日或是燃烧的火焰，有温暖的感觉，因而被称为"暖色"；而蓝色常使人们联想起高空的蓝色、阴影处的冰雪，有寒冷的感觉，所以被称为"冷色"；绿色、紫色给人们的感觉是不冷不暖，因而被称为"中性色"。

当看见某种色彩或者听到某种颜色的名称时心里会自动描绘出这种色彩带来的感受。如图 5-6 所示为一些常见颜色的色彩意向。

色系	色彩意象
红色系	热情、张扬、高调、艳丽、侵略、血腥、警告、禁止。
橙色系	明亮、华丽、健康、温暖、辉煌、欢乐、兴奋。
黄色系	温暖、亲切、光明、疾病、懦弱，适合用于食品或儿童类 App。
绿色系	希望、生机、成长、环保、健康、嫉妒，经常用于表示与财政有关的事物。
蓝色系	沉静、辽阔、科学、严谨、冰凉、保守、冷漠、忧郁，经常用于表现科技感和高端严谨的意象。
紫色系	高贵、浪漫、华丽、忠诚、神秘、稀有、憋闷、恐怖、死亡。很多科幻片和灾难片都使用青紫色来渲染恐怖和末日的景象。
粉色系	柔美、甜蜜、可爱、温馨、娇嫩、青春、明快、恋爱。
棕色系	自然、淳朴、舒适、可靠、敦厚、有益健康。反面来说，被认为不够鲜明，可以尝试使用较亮的色彩进行调和。
黑色系	稳重、高端、精致、现代感、黑暗、死亡、邪恶。很多大牌网站很喜欢使用黑色表现企业的高端和产品的质感。
白色系	纯洁、天真、和平、洁净、冷淡、贫乏、苍白、空虚，白色在中国代表死亡。

图 5-6

5.2.3 色彩的搭配技巧

当不同的色彩搭配在一起时，受色相彩度、明度的影响会使色彩的效果产生变化。两种或者多种浅色搭配在一起不会产生对比效果，多种深色搭配在一起同样也不吸引人。但是，当一种浅色和一种深色混合在一起时，浅色显得更浅，深色显得更深。明度和色相也会产生同样的对比效果。

手机界面的总体界面应该与主题相协调，在手机软件界面的色彩设计上，要妥当地运用色彩这种感性元素协调各要素之间的关系，使形态和功能特点得到突出。在设计中常见的配色方案如图 5-7 所示。

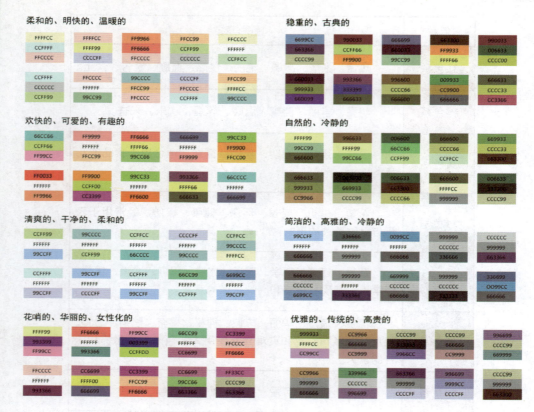

图 5-7

5.2.4 App界面配色原则

总体而言，配色应遵循以下 4 条原则，分别是色调统一、有重点色、色彩平衡和对立色调和。

- 色调统一

针对软件类型及用户工作环境选择恰当色调，比方说绿色体现环保，紫色代表浪漫，蓝色表现时尚等。淡色系让人感觉舒适，暗色背景可以不让人觉得累。总之，需要保证整体色调的协调统一，重点突出，使作品更加专业和美观，如图 5-8 所示。

- 有重点色

用户可以选取一种颜色作为整个界面的重点色，这个颜色可以被运用到焦点图、按钮、图标，或者其他相对重要的元素上，使之成为整个页面的焦点，如图 5-9 所示。

提示：重点色绝对不应该是用于主色和背景色等面积较大的色块，应该是强调界面中重要元素的小面积零散色块。

重点色的加入让平淡的界面变得活泼，同时突出了主题内容。

图 5-8　　　　　　　　　　　　　　　　图 5-9

● 色彩平衡

整个界面的色彩尽量少使用类别不同的颜色，以免眼花缭乱，反而让整个界面出现混杂感，界面需要保持干净，如图 5-10 所示。

界面色彩过多或过于繁杂会让用户产生厌恶的心理，因此界面中色彩的使用需要遵循设计规范。

图 5-10

● 对立色调和

对立色调和的原则很简单，就是浅色背景上使用深色文字，深色背景上使用浅色文字。比如，蓝色文字在白色背景上容易识别，在红色背景上则不易分辨，原因是红色和蓝色没有足够反差，但蓝色和白色反差很大。除非特殊场合，杜绝使用对比强烈，让人产生憎恶感的颜色，如图 5-11 所示。

很多界面采用白色作为文字色，因为白色作为无彩色，不会过分突兀，同时辨识度高。

图 5-11

5.2.5　App UI设计的用色规范

色轮图是研究颜色相加混合的一种实验工具。另外，还有手机 App 标准色分为重要、一般和较弱，三种标准色的使用规范如图 5-12 所示。

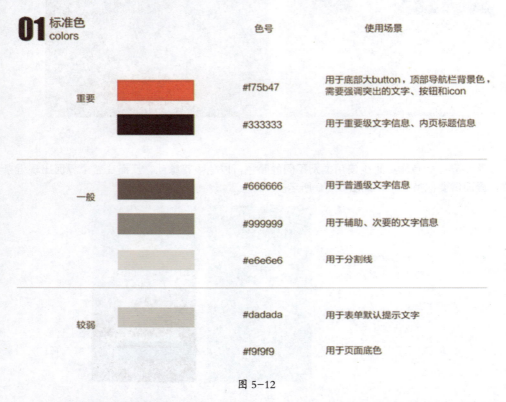

图 5-12

- ➢ 重要标准色：重要颜色一般不超过 3 种。上图的示例中，红色主要用于特别需要强调和突出的文字、按钮和 icon，而黑色用于重要级文字信息，比如标题、正文等。
- ➢ 一般标准色：一般标准色通常都是相近的颜色，而且比重要颜色弱，普遍用于普通级信息及引导词，比如提示性文案或者次要的文字信息。
- ➢ 较弱标准色：普遍用于背景色和不需要显眼的边角信息。

5.3　iOS应用界面设计规范

苹果官方认为，所有的 iOS 程序设计都应该包含以下 3 个关键点：遵从、清晰和深度。天气 App 是这一原则应用的典范，如图 5-13 所示。

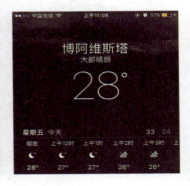

图 5-13

- 遵从

界面能够帮助用户理解内容并与用户进行互动，但却不会分散用户对内容的注意力。在该界面上，底部的按钮和界面本身融为一体，既能清晰地显示按钮，又不会分散用户对界面中内容的注意力。

- 清晰

无论字体设置为多大尺寸，都必须便于阅读，界面中的图标醒目且无多余的修饰，很好地突出了功能重点的同时又传达了正确的设计理念。在该界面上，通过文字的大小对比及清晰明了的天气图标，让用户很清晰地看到各部分文字显示的内容。

- 深度

视觉层次和生动的交互操作赋予了 UI 生命力，不仅能够帮助用户更好地理解 UI，还让用户在使用过程中感到惊喜。

提示：天气 App 的界面背景随着天气和时间的不同发生更改，能在不影响用户阅读的前提下让用户更有真实感，创造了超预期的体验。

5.3.1　Sketch的iOS UI模板

iOS 提供了大量的界面控件，这些控件有些可以自定义，有些则不行，更不应该去自定义，这些控件是本节讲述的重点。通常情况下，用户应该清楚这些控件的尺寸，而在需要对这些控件自定义的时候，也需要基于这些控件去做自定义。

苹果官方给出了这些控件的尺寸规范，Sketch 的 UI 模板是严格遵守这些规范制作而成的，这就省去了很多麻烦。可以在 UI 模板中选中每个控件并从检查器中查看相应尺寸，如图 5-14 所示。

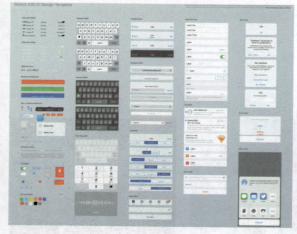

图 5-14

> 提示：自iOS7及以后的界面上，状态栏可以和背景融为一体，用户在进行移动UI设计的时候应该尽可能地充分利用整块屏幕。

5.3.2 模板使用的注意事项

模板虽然在一定程度上简化了用户的操作，但是在使用时也不能盲目，需要遵循一定的规则进行使用。

1. 背景透明的控件

注意一些背景透明的控件，在 iOS 中状态栏可以和应用程序的背景融为一体，但是该状态栏本身有高度，在进行界面设计的时候状态栏的高度应为 20px，而非内容高度的 15px。要查看整体高度只需选中该控件图层组即可看到，如图 5-15 所示。

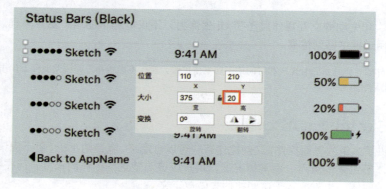

图 5-15

2. 毛玻璃效果的控件

毛玻璃效果的控件具有透明属性，并具有高斯模糊效果，这些在实际界面中会出现毛玻璃效果，如图 5-16 所示。在进行设计的时候要注意这一点，不要忽视了细节。在对内容做修改时，应保留其原有的样式。

图 5-16

3. 控件的固定距离

对于一些占据屏幕宽度 100% 的控件，控件里的内容元素和左右边框有固定的距离，用户应遵循该距离，或者不应小于该距离，在 iOS 上内容和屏幕边框的最小距离不应低于 8px，如图 5-17 所示。

图 5-17

根据这些控件进行设计界面就能设计出符合要求的作品，一般常见的 App，都是基于这些控件进行设计的，如微信的顶部，如图 5-18 所示，便是对标题栏（又称导航栏）的控件进行修改，而搜索栏则是直接使用该控件。

图 5-18

如果特殊情况下，需要打破这些控件的规范进行设计，尺寸也不应该小于控件本身的尺寸。如图 5-19 所示的是将标题栏、搜索栏和内容合并在一起。

图 5-19

虽然在iOS中并没有严格限制App的设计，但是通常情况下可以将这些控件理解为标准规范，若仅更改其内容则不应对其整体尺寸进行修改，如警告弹出框的样式，只是对文字内容和颜色进行修改，则该警告弹出框大小在正常情况下保持一致即可。

若需要对控件进行自定义，则原有样式为最小尺寸，可以对其做一些扩大调整，但是不应缩小，包括文字和图标尺寸。

提示：每次iOS的更新，控件样式如果发生了变化，Sketch也会随之进行更新，所以应尽量保持Sketch软件为最新版本。

5.4 安卓界面及Material Design设计规范

用户需要了解，安卓应用的界面和 Material Design 并不是相等的。Material Design 是谷歌在 Google I/O 2014 上推出的一套界面设计语言，适用于从移动端到桌面端的跨平台设计。

提示：该设计运用在安卓5.0及以上系统中，但是并不是所有的安卓应用都遵循了该规范。越来越多的安卓应用开始遵循该规范去设计，这也是谷歌第一套成体系的设计规范，所以本书在讲安卓之前，先为用户介绍 Material Design。

从 Material Design 的规范中可以看出，该规范更为详细和严格地限制了界面中每个组件的样式，包括图标的大小、元素之间的间隔、不透明度和字号等，如图 5-20 所示。用户若需要使用 Material Design 进行设计，则应完全遵照该规范进行设计。

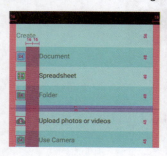

图 5-20

Material Design 还是一个在不断更新的设计语言，大家如果采用该设计语言进行界面设计，应时刻保持对官网的关注。

提示：Material Design有严格的层级划分，界面上的每个元素都有厚度，在界面上可以通过阴影的不同来体现。在官网上详细介绍了每个元素的厚度及阴影的样式参数，并提供了正面例子和反面例子作为参考。

因为该设计语言为了保证体验的高度一致，规范极其严格细致，导致一些朋友在初次接触它的时候不知道如何入手。

最好在自己的安卓手机上使用原生安卓系统，并体验谷歌的一系列应用，对照该设计语言进行理解。在 Sketch 中，也提供了 Material Design 的设计模板，如图 5-21 所示。

图 5-21

在该模板中，包含各种组件的样式，以及栅格图层。在 Material Design 中，把界面分成为若干个 8px×8px 组成的小格子，所有组件的尺寸都是 8 的倍数。

> 提示：Material Design 可以自定义的范围很少，但是该设计语言从一开始便深受设计师们的喜爱，也已经有不少应用开始使用该规范进行设计，特别是一些小而美的阅读类和工具类应用。

对 Material Design 感兴趣的朋友，建议在平时多关注使用该规范进行设计的 App，并对其做深入的思考分析，相信弄懂该设计规范并不是一件很困难的事情。

最好使用一段时间的安卓 5.0 以上的原生系统，从系统层面开始对 Material Design 做了解，看该套规范是怎样链接系统和应用的，以及在沉浸式体验和一致性体验方面做了哪些努力。如图 5-22 所示为安卓 6.0 系统的部分界面。

图 5-22

5.5 移动界面中的色彩应用

在 UI 设计中，颜色的使用直接决定了作品的成败。有的时候，两个内容相同的界面，仅仅因为颜色的不同导致极大的视觉差异是很正常的。现在 UI 设计为了实现简洁明确的设计效果，通常只会使用较少的颜色。

在 UI 设计中颜色用于表达互动性，传递灵活性，并提供视觉的连续性。在 iOS 系统中内置了几种颜色，用作界面设计的参考和标准。如图 5-23 所示的是 iOS 系统中内置的应用程序的颜色。

图 5-23

> 提示：在Sketch中使用快捷键control+C可以打开吸色工具，吸取图中11种颜色，可以看到这11种颜色都具有很高的明度和饱和度。

5.5.1 Sketch颜色面板的使用

Sketch 直接将拾色器放在了检查器当中，选中任意一个元素，在检查器的"填充"或"描边"面板中，单击色彩按钮，弹出如图 5-24 所示的对话框。

在该对话框的顶端是颜色填充类型。Sketch 一共为用户提供了 6 种填充类型，分别是纯色填充、线性渐变填充、径向渐变填充、角度渐变填充、图案填充和杂色填充，如图 5-25 所示。

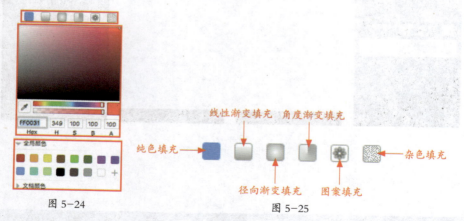

图 5-24　　　　　　　　图 5-25

1. 纯色填充

在不同图层上，这 6 种填充类型有可能不会全部出现，如文字的颜色填充只有纯色填充一种效果。纯色填充时的颜色面板如图 5-26 所示。

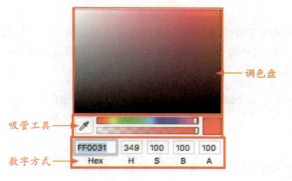

图 5-26

- 调色盘

选中该区域白色的圆圈并拖曳可以对当前色相的明度和饱和度进行调节。垂直方向从上到下是明度从亮到暗；水平方向是饱和度从低到高。按住 shift 键进行拖曳时，可以保持水平或者垂直方向移动。

- 吸管工具

单击该工具出现如图 5-27 所示的放大镜。该放大镜可以放大至像素级别，可以精确吸取每个像素点的颜色，确定要吸取的颜色后单击即可吸取，如图 5-28 所示。

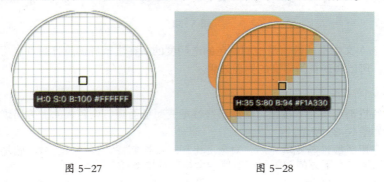

图 5-27　　　　　　　　　　图 5-28

提示：在 Sketch 中使用吸管工具不仅可以吸取到像素级的颜色，还可以在整个屏幕中吸取色彩，而不仅仅局限于软件窗口范围内的颜色。

面板的中间是两个可以调节色相和不透明度的滑条。上方的滑条用于进行色相的调节，用鼠标拖曳白色的滑块即可进行调节。下方的滑条用于调节颜色的不透明度，从左到右不透明度从 0% 至 100%，如图 5-29 所示。

单击右侧色块上的下拉按钮，可以快速选取当前画布上所有的颜色，如图 5-30 所示。

图 5-29　　　　　　　　　　图 5-30

- 数字方式

如果用户需要获得精确的颜色，可以通过修改面板底部文本框里面的数字获得。Sketch一共提供了3种模式的颜色值，分别是Hex、RGB和HSB，如图5-31所示。不同的模式决定了绘制作品的应用领域。

图5-31

Hex是一种十六进制的色彩数值。每一种颜色都以6位6~F的数字或字母组成。例如#FF0000是红色，#FFFFFF为白色。

RGB分别代表了红、绿、蓝的数值，分别在3个文本框中输入0~100的数字，即可得到一种色彩。

在该RGB所在区域单击，可以切换为H、S、B的色彩模式，如图5-32所示。H表示颜色的色相，S表示饱和度，B表示明度。在H文本框中输入0~360的数字，S和B文本框中输入0~100的数字即可获得一种颜色。

图5-32

最后一个A文本框的数值是控制颜色的透明度的。在进行界面设计时，利用多种不同透明度的颜色，可以实现更为丰富的界面效果。

2. 线性渐变填充

单击"线性渐变填充"按钮，切换到线性渐变颜色面板，调色板的上方出现一个控制渐变的滑条，如图5-33所示。

当对象应用了线性渐变填充后，对象上出现一个控制杆，控制杆上方的圆圈对应颜色面板滑条的左端滑块，下方的圆圈对应右侧的滑块，如图5-34所示。

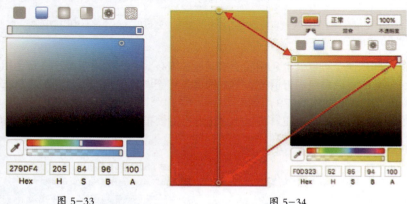

图5-33　　　　　　　　　　图5-34

要对渐变进行调整，既可以从图层中选中圆圈拖动，也可以从颜色面板中选择滑块，从图层中选中圆圈后，可以任意拖动，如图5-35所示。

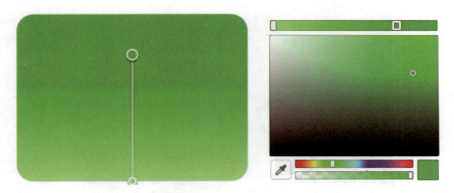

图 5-35

提示：要在渐变中再添加颜色，只需要双击滑块任意地方或者控制杆的任意地方即可添加，要删除只需选中需要删除的点，然后按delete键即可。

在颜色数值下方相比纯色填充多出"平滑不透明度"选项，如图 5-36 所示。勾选该选项，会让渐变以一种更为平滑的方式进行过渡。右侧的箭头可以调整渐变方向，以 90° 为单位进行顺时针或逆时针切换。

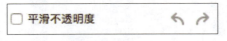

图 5-36

实战——使用线性渐变填充绘制图标

最终文件	源文件 \ 第 5 章 \5-5-1.sketch
视频	视频 \ 第 5 章 \5-5-1.mp4

步骤 01 启动 Sketch 软件，执行"文件 > 新建"命令，新建一个 Sketch 文件。使用"椭圆形"工具在页面中绘制一个如图 5-37 所示的椭圆。

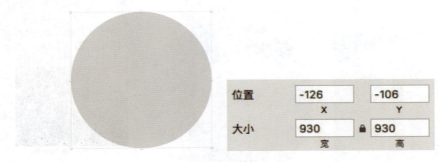

图 5-37

步骤 02 单击检查器上的"填充"颜色色块，选择"线性渐变填充"，设置填充颜色为从 #00CCFF 到 #0A5DF1 的线性渐变，如图 5-38 所示。拖动调整椭圆上的控制杆，效果如图 5-39 所示。

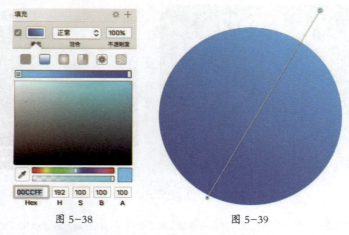

图 5-38　　　　　　　　　图 5-39

步骤 03 使用相同的方法，再次绘制如图 5-40 所示的椭圆。使用"矢量"工具绘制如图 5-41 所示的图形。

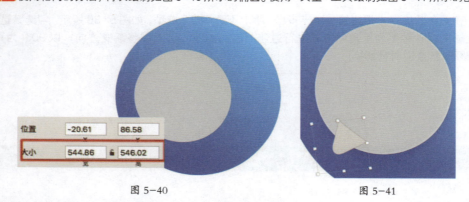

图 5-40　　　　　　　　　图 5-41

步骤 04 同时选中后创建的 2 个图形，单击工具栏上的"合并形状"按钮，布尔运算效果如图 5-42 所示。修改图形的填充颜色为从 #FFFFFF 到 #FAFCFF 到 #7FB6FF 的线性渐变，效果如图 5-43 所示。

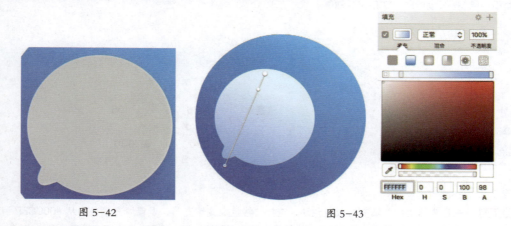

图 5-42　　　　　　　　　图 5-43

步骤 05 勾选检查器上的"阴影"和"内阴影"选项，设置各项参数，图形效果如图 5-44 所示。继续使用相同的方法，绘制如图 5-45 所示的另一个图形。

图 5-44　　　　　　　　　　　　　图 5-45

3. 径向渐变填充

单击"径向渐变填充"按钮，颜色面板如图 5-46 所示。应用了径向渐变的图形，将出现一个椭圆的路径，用来表示渐变的范围。

通过拖动路径的三个控制点可以实现调整渐变的中心、渐变范围和渐变形状的效果，如图 5-47 所示。

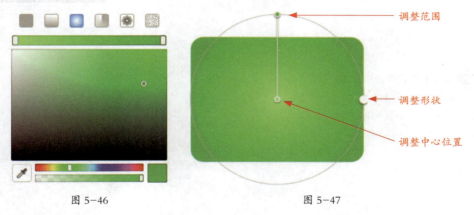

图 5-46　　　　　　　　　　　　　图 5-47

4. 角度渐变填充

单击"角度渐变填充"按钮，颜色面板如图 5-48 所示。角度渐变填充经常会被用来表现金属质感。应用了角度渐变的图形，将会在图形上出现一个椭圆的路径，同时出现两个控制点，分别用来控制颜色的位置，如图 5-49 所示。

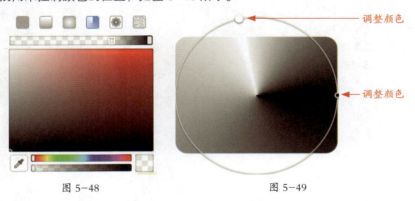

图 5-48　　　　　　　　　　　　　图 5-49

在上面的控制条上单击即可添加一种颜色,通过在下面的色板和控制条上选择,可以设置不同的颜色和透明度。

实战——使用角度渐变实现金属质感

最终文件　源文件 \ 第 5 章 \5-5-1-1.sketch
视频　　　视频 \ 第 5 章 \5-5-1-1.mp4

步骤 01 启动 Sketch 软件,执行"文件 > 新建"命令,新建一个 Sketch 文件。使用"椭圆形"工具在页面中绘制一个如图 5-50 所示的椭圆。单击检查器上的"填充"色块,在颜色面板中为其添加多个色块,效果如图 5-51 所示。

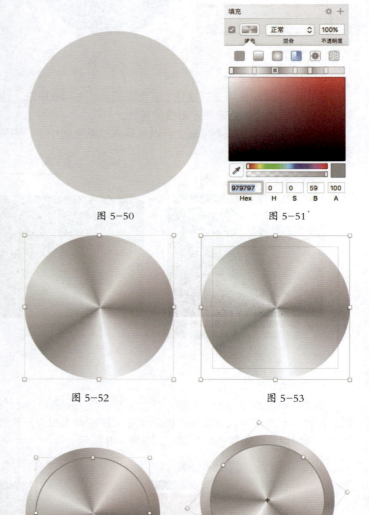

图 5-50　　　　　图 5-51

步骤 02 图形填充效果如图 5-52 所示。按下 option 键的同时拖动复制图形,缩小复制图形并对齐两个图形,效果如图 5-53 所示。

步骤 03 勾选检查器上的"描边"选项,为图形添加灰色描边,效果如图 5-54 所示。使用工具栏上的"旋转"工具旋转复制图形,得到如图 5-55 所示的效果。

图 5-54　　　　　图 5-55

步骤 04 旋转底部的图形，勾选检查器上的"阴影"选项，为其添加阴影效果，如图 5-56 所示。使用"椭圆"工具绘制如图 5-57 所示的图形。

图 5-56　　　　　　　　　图 5-57

步骤 05 选中图形，执行"图层 > 路径 > 旋转复制"命令，如图 5-58 所示。在弹出的"旋转复制"对话框中输入想要复制的数量，如图 5-59 所示。

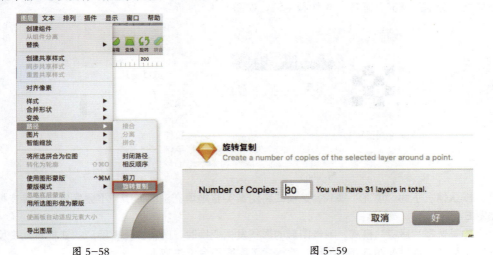

图 5-58　　　　　　　　　图 5-59

步骤 06 单击"好"按钮，完成复制操作，复制效果如图 5-60 所示。拖动复制对象中心原点到图形中心位置，完成效果如图 5-61 所示。

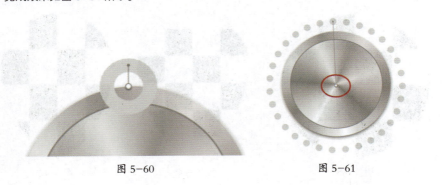

图 5-60　　　　　　　　　图 5-61

在纯色和渐变填充的下方,会有系统的颜色/渐变色的预设,单击相应色块即可直接使用。当用户确定好设计界面的颜色后,也可以将颜色添加在此处,此时用户只需单击后面的"+"按钮即可添加到列表,如图 5-62 所示。

图 5-62

> 提示:若需要删除色块,只需在相应色块上单击鼠标右键,然后在弹出的菜单中单击"删除"按钮,即可删除选中色块。

5. 图案填充

单击"图案填充"按钮,颜色面板如图 5-63 所示。单击"选择图片..."按钮即可选择需要填充的图片,用户可以在下面的下拉列表中选择填充模式,Sketch 一共提供了 4 种填充模式,分别是填充、适应、拉伸和平铺,如图 5-64 所示。

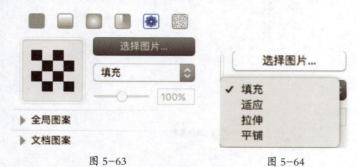

图 5-63　　　　　　图 5-64

默认情况下为"填充"模式,该模式将图案完整地填充到图形中,不会发生缩放等变换,如图 5-65 所示。

如果选择"适应"模式,则当图形的形状发生变换时,图案会随着图形的变换自动变换,以适应图形,效果如图 5-66 所示。此模式下图案不会发生变形。

如果选择"拉伸"模式,则当图形的形状发生变换时,图案会自动缩放以适应图形的变换,效果如图 5-67 所示。

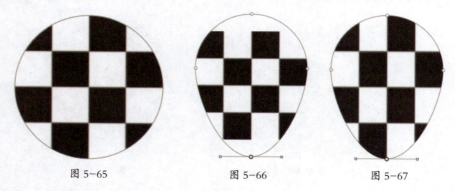

图 5-65　　　　　图 5-66　　　　　图 5-67

如果选择"平铺"模式,图案将以平铺的方式填充图形。用户可以通过拖动调整下方的滑块或者在文本框中手动输入调整平铺图案的大小,如图 5-68 所示。

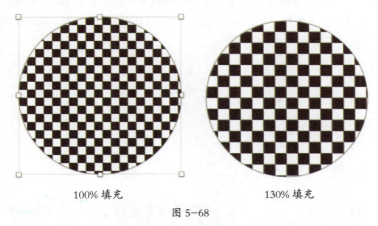

100% 填充　　　　　　　　　130% 填充

图 5-68

> 提示：Sketch 为用户提供了全局图案和文本图案两种。全局图案可以应用到所有对象中,而文本图案只能应用到文本对象中。

6. 杂色填充

单击"杂色填充"按钮,颜色面板效果如图 5-69 所示。在该模式下可在文本下拉列表框中选择杂色类型,包括原始、Black（黑色）、白色和颜色 4 类,如图 5-70 所示。用户可以通过拖动下方的"强度"滑块或者在文本框中输入数值来控制杂色的强度。

图 5-69　　　　　　　　　　　图 5-70

5.6　文字的创建与编辑

Sketch 有丰富的文字处理功能,用户可以自由地使用文本进行界面设计。同时 Sketch 使用操作系统原生的字体渲染,可以保证设计时的字体效果和网页实际显示的效果一致。Sketch 还支持文本样式,这就大大缩短了用户逐个设置字体的操作,提高工作效率。

5.6.1 文本的添加

用户可以在插入面板中选择"文本"工具或者按下 T 键,如图 5-71 所示。移动光标到页面中,光标变成文本光标时,在页面中任意一点单击即可添加文本,同时创建文本图层,如图 5-72 所示。

图 5-71

图 5-72

用户也可以在页面上单击并拖动鼠标以创建一个固定尺寸的文本框,如图 5-73 所示。在文本框中输入文本时,当文本内容大于文本框时,文本框会自动向下扩展文本框的高度,如图 5-74 所示。

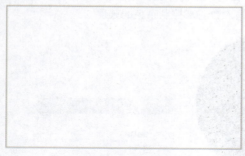

图 5-73　　　　　　　　　　　　图 5-74

5.6.2 文本的编辑

在 Sketch 中,用户可以通过在文本检查器面板中编辑文本。选中一段文本,在界面的右侧即可看到文本检查器面板,如图 5-75 所示。在该面板中可以分别设置文本的字体、字重、对齐、宽和间距。

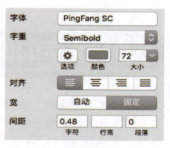

图 5-75

1. 字体

选中一款漂亮且符合规范的字体是界面设计的前提。用户可以在检查器"字体"选项后面的下拉列表中选择一款字体，如图 5-76 所示。需要注意的是，通常字体需要单独购买安装后才能使用，用户可以在互联网上下载安装免费字库或购买正版字库。

2. 字重

在"字重"选项下，用户可以设置字体的字型、颜色和大小。Sketch 一共提供了 6 种字型，以方便用户使用，如图 5-77 所示。

图 5-76　　　　图 5-77

> 提示：在选择字型时，有些类型不能选择，这是因为字型通常分为中英文两种。一些中文的字型英文不支持；同理一些英文的字型中文也不支持。

单击"选项"按钮，弹出如图 5-78 所示的面板。用户可以分别选择下画线、双画线和删除线装饰效果；可以在"列表类型"下拉列表中选择数字和符号两种项目符号类型；在"文本变换"下拉列表中为英文文本指定大小写。

3. 对齐

Sketch 一共提供了 4 种对齐方式，分别是左对齐、居中对齐、右对齐和两端对齐，如图 5-79 所示。

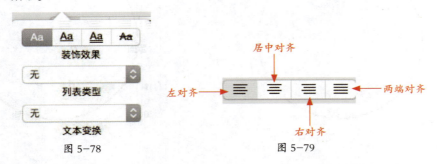

图 5-78　　　　　　　　　图 5-79

4. 宽和间距

用户可以设置文本框的宽为"自动"和"固定"，如图 5-80 所示。设置为自动时，输入的文本将自动水平扩展；设置为固定时，则文本框只会在高度上垂直扩展。

用户可以在"间距"选项后的文本框中输入数字，分别用来控制字间距、行高和段间距，如图 5-81 所示。

图 5-80　　　　　　　　　　图 5-81

5.6.3　文本路径

Sketch 支持文本渲染路径。首先创建一个矢量图形和一个文本图层，且文本图层在矢量图形的上面，如图 5-82 所示。选中文本框对象，执行"文本 > 路径文字"命令，如图 5-83 所示。

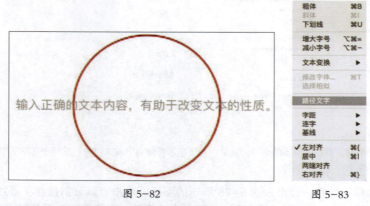

图 5-82　　　　　　　　　　　　　　　　图 5-83

拖曳文本框到矢量图形上，效果如图 5-84 所示。拖动文本框可以调整文本在路径上的位置，如图 5-85 所示。

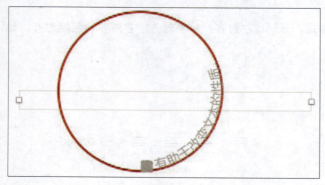
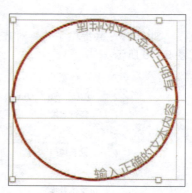

图 5-84　　　　　　　　　　　　　　　　图 5-85

5.6.4　文本转换轮廓

在某些特殊情况下，需要将文本转化为矢量图形。例如要制作特殊形状的艺术字时。选中需要转化的文本，执行"图层 > 转化为轮廓"命令，如图 5-86 所示，即可将文本转化为轮廓。用户可以通过编辑路径和锚点，得到特殊的艺术字效果，如图 5-87 所示。

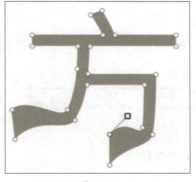

图 5-86   图 5-87

> 提示：大多数情况下不建议用户一次性将大段文字转化为矢量图形，这样会大大减缓文件的运行速度。最好是将一段文字分为多个短文本，分步转化。

5.7 使用共享样式

在进行界面设计时，一些共同文本元素的设置基本相同。如果要一个一个地设置与修改，用户将浪费大量的时间。在 Sketch 中可以运用文本样式快速地设置文本。

实战——对界面中文本应用样式

| 最终文件 | 源文件 \ 第 5 章 \5-7.sketch |
| 视频 | 视频 \ 第 5 章 \5-7.mp4 |

步骤 01 启动 Sketch 软件，执行"文件 > 打开"命令，将"素材 > 第 5 章 >5.7.sketch"文件打开，效果如图 5-88 所示。选择"我的订单"文本框，在文本检查器面板中修改文本的颜色和大小，如图 5-89 所示。

图 5-88   图 5-89

步骤 02 确定文本框被选中,执行"图层 > 创建共享样式"命令,如图 5-90 所示。在文本检查器中将文本样式重命名,如图 5-91 所示。

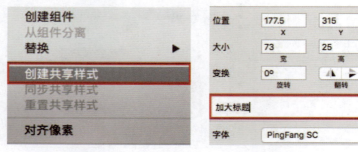

图 5-90　　　　　　　　　图 5-91

步骤 03 选择"我的活动"文本框,单击文本检查器面板中文本样式右侧的箭头,选择刚刚创建的样式,如图 5-92 所示。文本应用样式如图 5-93 所示。

图 5-92　　　　　　　　　图 5-93

> 提示:如果应用了样式后的文本框出现对不齐的情况,可以同时选中需要对齐的文本框,执行"排列 > 对齐对象"下的命令,对齐文本框。

步骤 04 依次选择其他文本框并应用样式,得到的效果如图 5-94 所示。确定在检查器面板中选中样式,修改其文本颜色,单击文本样式右侧的刷新按钮,页面效果如图 5-95 所示。

图 5-94　　　　　　　　　图 5-95

当用户定义了文本样式后，可以在文本检查器面板中找到该样式，并多次使用，如图 5-96 所示。同时在"插入"面板中的"文本样式"选项下也会显示文本样式，如图 5-97 所示。

图 5-96 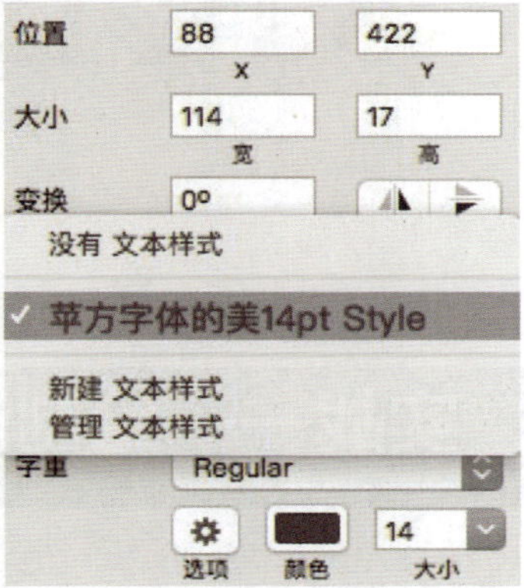　　　　　　　　　　　　　图 5-97

5.8　文字的导出

Sketch 使用操作系统原生的字体渲染，所以文本的浏览效果很不错。使用原生字体渲染的好处就是当用户进行网页设计时，可以不用考虑文本的显示是否与设计的一致。

> 提示：Mac OS系统使用了一种叫子像素抗锯齿效果的技术来提升文本渲染效果，Sketch中也是采用的这种技术。

显示器通常是由网格状的像素组成的。当遇到曲线文字的时候，通常会显示锯齿的文字效果，如图 5-98 所示。使用子像素抗锯齿效果可以将文字曲线遮住的部分像素稍微变亮一点，在视觉上产生平滑的效果。

SKETCH

图 5-98

要实现子像素抗锯齿效果，文本必须在一个不透明的背景上，因为系统需要知道最终的颜色对比效果是什么样的。

在画布上，Sketch 可以顺利地渲染有色背景上的文本。但当用户将文本导出为 PNG 文件，并保持透明背景时，文本效果将变得不太一样，如图 5-99 所示。

图 5-99

5.9 实战——绘制iOS音乐播放界面

| 最终文件 | 源文件 \ 第 5 章 \5-9.sketch |
| 视频 | 视频 \ 第 5 章 \5-9.mp4 |

步骤 01 启动 Sketch 软件，执行"文件 > 新建"命令，新建一个 Sketch 文件，如图 5-100 所示。单击工作界面左上角的"插入"按钮，选择"画板"命令，如图 5-101 所示。

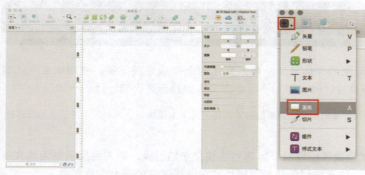
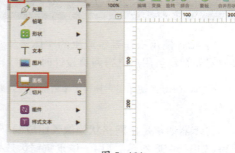

图 5-100　　　　　　　　　　　　图 5-101

步骤 02 在弹出的模板面板中选择 iPhone 7 选项，选项效果如图 5-102 所示。单击后可看到画布效果如图 5-103 所示。

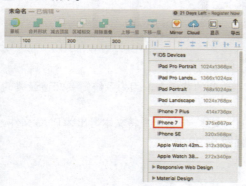
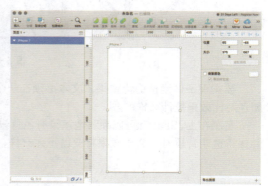

图 5-102　　　　　　　　　　　　图 5-103

步骤 03 打开"素材 > 第 5 章 >43301.png"文件，将其拖入到设计文档中，如图 5-104 所示。单击工作界面左上角的"插入"按钮，选择"形状 > 矩形"命令，如图 5-105 所示。

图 5-104　　　　　　图 5-105

步骤 04 在画板中绘制黑色矩形，如图 5-106 所示。在检查器中修改矩形的参数，图像效果如图 5-107 所示。

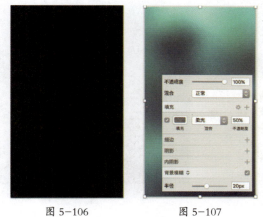

图 5-106　　　　　　图 5-107

提示：此处的模糊效果用来制作"毛玻璃效果"，在 iOS 的设计理念中，该效果应用非常广泛，用户可以按照上面的方法进行制作。

步骤 05 执行"文件 > 从模版新建 >iOS 用户界面设计"命令，如图 5-108 所示，弹出如图 5-109 所示的页面。

图 5-108　　　　　　图 5-109

步骤 06 在模板中找到如图 5-110 所示的内容，将其复制并粘贴到设计文档中，适当调整其位置，图像效果如图 5-111 所示。

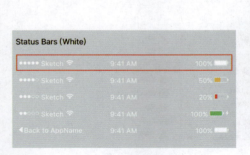
图 5-110

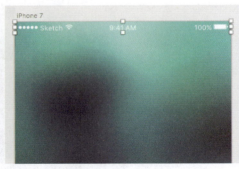
图 5-111

步骤 07 单击工作界面左上角的"插入"按钮，选择"形状 > 直线"命令，如图 5-112 所示。在画板中绘制白色直线，如图 5-113 所示。

图 5-112

图 5-113

步骤 08 使用相同方法完成相似内容的制作，如图 5-114 所示。单击工作界面左上角的"插入"按钮，选择"文本"命令，在画板中输入文字，如图 5-115 所示。

图 5-114

图 5-115

步骤 09 使用相同方法在画板中输入文字，如图 5-116 所示。执行"文件 > 打开"命令，打开"模板001.sketch"，找到如图 5-117 所示的内容。

图 5-116

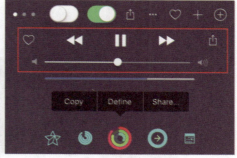
图 5-117

步骤 10 将其复制并粘贴到设计文档中，适当调整其位置，图像效果如图 5-118 所示。打开"素材 > 第 4 章 >43302.png"文件，将其拖入到设计文档中，如图 5-119 所示。

图 5-118

图 5-119

步骤 11 选中该图片，在检查器中修改相应参数，如图 5-120 所示。单击工作界面左上角的"插入"按钮，选择"形状 > 圆角矩形"命令，如图 5-121 所示。

图 5-120

图 5-121

步骤 12 在画板中绘制白色圆角矩形，如图 5-122 所示。使用相同方法完成相似内容的制作，图像效果如图 5-123 所示。

图 5-122   图 5-123

> **提示**：Sketch以模板和简洁而为用户所喜爱，因此在使用该软件制作移动UI界面时，尽可能多地使用模板可以减少工作量。

5.10 实战——绘制iOS社交App界面

| 最终文件 | 源文件 \ 第 5 章 \5-10.sketch |
| 视频 | 视频 \ 第 5 章 \5-10.mp4 |

步骤 01 新建一个 Sketch 文件，单击"插入"按钮，选择"画板"命令，插入一个 iPhone 7 的画板，如图 5-124 所示。使用"矩形"工具在页面中绘制一个 375×20，填充颜色为 #1BB580 的矩形，效果如图 5-125 所示。

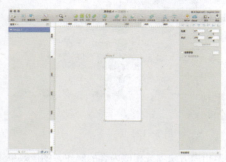
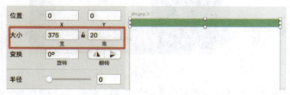

图 5-124   图 5-125

步骤 02 执行"文件 > 从模板新建 >iOS 用户界面设计"命令，在模板中找到 Status Bars(White) 模板组件，将其复制粘贴到设计文档中，适当调整其位置，效果如图 5-126 所示。

图 5-126

步骤 03 选择模板组件和矩形，单击工具栏上的"分组"按钮，将它们编组，并在图层组名称处单击，修改其名称为 Status Bar，如图 5-127 所示。继续使用"矩形"工具在页面中绘制一个 375×44 的矩形，效果如图 5-128 所示。

图 5-127　　　　　　　　　　　　图 5-128

步骤 04 单击"插入"按钮，选择"文本"命令，设置文本检查器面板中各项参数，如图 5-129 所示。在页面中输入如图 5-130 所示的文本。

图 5-129　　　　　　　　　　　　图 5-130

步骤 05 使用"圆角矩形"工具在页面中绘制 29×3.85 的白色矩形，并将其"半径"设置为 6，效果如图 5-131 所示。按下 option 键的同时拖动圆角矩形，复制效果如图 5-132 所示。

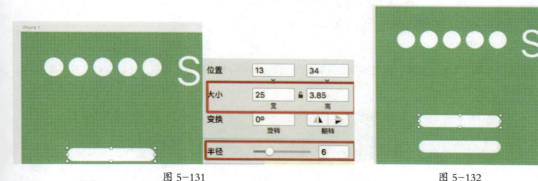

图 5-131　　　　　　　　　　　　图 5-132

步骤 06 选中矩形和文本，将它们编组并重命名为 Menu Bar，如图 5-133 所示。使用"矩形"工具，在页面中绘制一个 375×44 的白色矩形，参数设置如图 5-134 所示。

图 5-133　　　　　　　　　　　图 5-134

步骤 07 绘制效果如图 5-135 所示。勾选检查器中的"阴影"选项，设置阴影颜色，如图 5-136 所示。阴影效果如图 5-137 所示。

图 5-135

图 5-136　　　　　　　　　　　　　　图 5-137

步骤 08 使用"文本"工具，在页面中输入如图 5-138 所示的文本内容。设置文字检查器上各项参数，如图 5-139 所示。

图 5-138　　　　　　　　　　　　　　图 5-139

步骤 09 单击"插入"按钮，选择"直线"命令，在页面中绘制一个"描边"颜色为 #1BB580，"粗细"为 2.5 的直线，效果如图 5-140 所示。将矩形、文字和线条图层同时选中并编组，修改组名称为 Sub Menu Bar，如图 5-141 所示。

170

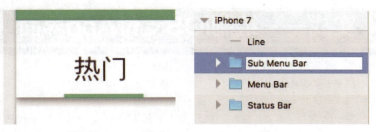

图 5-140　　　　　　　　　　　图 5-141

步骤 10 单击"插入"按钮，选择"图片"命令，如图 5-142 所示。插入"素材 > 第 5 章 >pic1.png"文件，调整大小位置，如图 5-143 所示。

图 5-142　　　　　　　　　　　图 5-143

步骤 11 使用相同的方法，继续插入其他图片，页面完成效果如图 5-144 所示。执行"文件 > 保存"命令，将文件保存为 5-10.sketch，完成页面的设计制作。

图 5-144

5.11 实战——绘制iOS支付App界面

最终文件	源文件 \ 第 5 章 \5-11.sketch
视频	视频 \ 第 5 章 \5-11.mp4

步骤 01 新建一个 Sketch 文件，单击"插入"按钮，选择"画板"命令，选择插入一个 iPhone 7 的画板。使用"矩形"工具在页面中绘制一个 375×667 的矩形，效果如图 5-145 所示。在检查器面板中设置"填充"颜色为从 #1AD6FD 到 #1D63F0 的线性渐变，如图 5-146 所示。

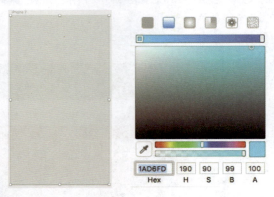

图 5-145　　　　　　　图 5-146

步骤 02 拖动控制轴，矩形填充效果如图 5-147 所示。执行"文件 > 从模板新建 >iOS 用户界面设计"命令，在模板中找到 Status Bars(White) 模板组件，将其复制粘贴到设计文档中，适当调整其位置，效果如图 5-148 所示。

图 5-147　　　　　　　　　　　图 5-148

步骤 03 使用"圆角矩形"工具在页面中绘制一个 345×65，"填充"颜色为 #0086BB 的圆角矩形，效果如图 5-149 所示。各项参数设置如图 5-150 所示。

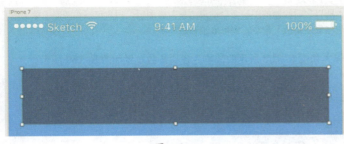

图 5-149　　　　　　　　　　　图 5-150

步骤 04 使用"矩形"工具在页面中绘制一个 65×65，"填充"颜色为 #005F82 的矩形，效果如图 5-151 所示。选择圆角矩形图层，单击工具栏上的"蒙版"按钮，将其指定为蒙版，如图 5-152 所示。应用蒙版后的效果如图 5-153 所示。

图 5-151　　　　　　　　图 5-152　　　　　图 5-153

步骤 05 使用"圆角矩形"工具在页面中绘制一个 90×40，"填充"颜色为 #005F82，"描边"颜色为 #004965 的圆角矩形，效果如图 5-154 所示。使用"文本"工具在页面中输入如图 5-155 所示的文本。

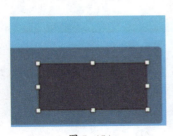

图 5-154　　　　　　　　　　图 5-155

步骤 06 使用"直线"工具在页面中绘制如图 5-156 所示的直线。将图形和文字图层全部选中，单击工具栏上的"分组"按钮，将它们编组并命名为 save，如图 5-157 所示。

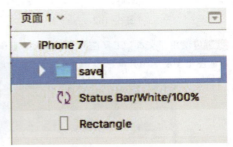

图 5-156　　　　　　　　　图 5-157

> 提示：由于底部图层应用了"蒙版"，所以之后绘制的图层会自动成为被蒙版图层。用户可以在图层上单击鼠标右键，在弹出的快捷菜单中选择"忽略底层蒙版"命令，即可取消蒙版影响。

步骤 07 使用"文本"工具在页面中输入如图 5-158 所示的文本，各项参数设置如图 5-159 所示。

图 5-158

图 5-159

步骤 08 单击"插入"按钮，选择"图片"命令，将"素材 > 第 5 章 > visa.png"图片插入到页面中，效果如图 5-160 所示。使用相同的方法将其他图片插入，完成效果如图 5-161 所示。

图 5-160

图 5-161

步骤 09 将标题文字和图片图层同时选中，将它们分组并命名为 accept，如图 5-162 所示。使用"圆角矩形"工具在页面中绘制一个 345×50，半径为 3 的白色圆角矩形，如图 5-163 所示。

图 5-162

图 5-163

步骤 10 使用"文本"工具在页面中输入如图 5-164 所示的文本。各项参数设置如图 5-165 所示。将文本和图形图层编组并命名为 name。

图 5-164

图 5-165

步骤 11 继续使用相同的方法，制作如图 5-166 所示的效果。图层面板如图 5-167 所示。

图 5-166　　　　　图 5-167

步骤 12 使用"文本"工具在页面中输入如图 5-168 所示的文本。文本检查器的各项参数如图 5-169 所示。

图 5-168　　　　　图 5-169

步骤 13 使用"圆角矩形"工具在页面的底部绘制一个 350×60，半径为 3，"填充"颜色为 #99E377 的圆角矩形，效果如图 5-170 所示。

图 5-170

步骤 14 使用"文本"工具在页面中输入如图 5-171 所示的文本。文本检查器的各项参数如图 5-172 所示。将图形和文本图层编组。

图 5-171　　　　　图 5-172

步骤 15 执行"文件 > 保存"命令，将文件保存为 5-11.sketch。页面最终效果如图 5-173 所示。

图 5-173

5.12 专家支招

使用 Sketch 绘制移动 UI 非常方便。但是作为专业的 UI 设计师,除了要掌握使用 Sketch 绘制界面外,还要懂得不同系统下的具体要求,比如颜色、字体和导出规则。

5.12.1 移动界面中的文字使用技巧

文字是现代移动界面设计中最重要的元素之一,文字的设计直接影响到界面整体的好坏。文字的设计要从字号、行高、样式、颜色和字体 5 个角度考虑。

在设计 UI 时,通常会使用系统默认的字体。例如在苹果系统中,通常会采用苹方字体,如图 5-174 所示。可以看到 64pt 的字体看起来比 14pt 的字要粗一些,感觉十分突兀。将 64pt 和 48pt 的文字的字重设置为 Light,则整体效果就会好很多,如图 5-175 所示。

图 5-174 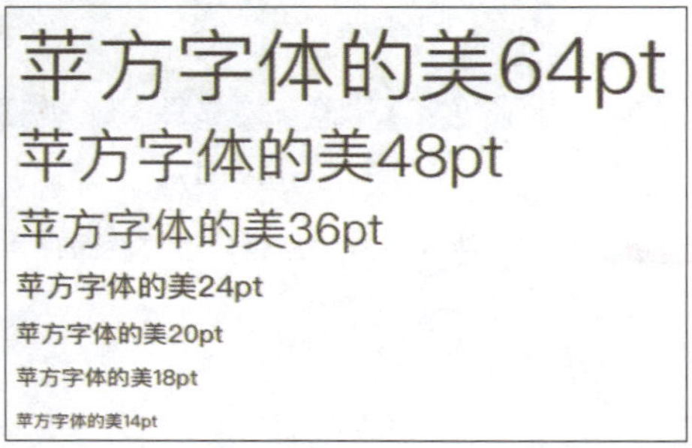　　　　　　　　　　　　　图 5-175

在进行 UI 设计时，如果要使用较大的字体，为了视觉的平衡可以对字重进行调整。对于 iOS 系统中字体的设置如表 5-1 所示。

表 5-1

字号	字重
11~18pt	Regular
18~24pt	Light
24~36pt	Thin
36pt 以上	UltraLight

在使用 Material Design 进行设计时，对文字也有严格的要求，详细设置如表 5-2 所示。此处单位 sp 与 pt 具有相同的含义。

表 5-2

字号	字重
12~16sp	Regular
20sp	Medium
24~56sp	Regular
112sp 以上	Light

在进行 UI 设计时，不管是在 iOS 平台还是安卓平台，都允许用户使用自定义字体。自定义字体或许可以吸引眼球，但过于花哨的字体反而会喧宾夺主，破坏界面的整体美观。所以，即便是要选择自定义字体，也要选择大众容易接受的字体。当然，使用系统默认字体是最安全的方法。

提示：一般情况下，文字颜色和背景颜色应有较高的对比度，以方便用户浏览阅读。同时应避免使用纯黑色文字，应该使用不同层次的灰色来增加界面的层次，便于区分功能。

5.12.2　移动界面中的色彩选择

对于色彩搭配不得其法的用户，可以采用改变色相属性的方法快速配色。首先根据软件的行业确定一款主色，然后可以通过改变颜色的明度或者饱和度来获得更多的颜色。需要注意的是一套界面中只能二选一，要么改变明度，要么改变饱和度，不要同时改变。

例如如果需要 3 种颜色，首先选择一种主色，然后逐步提升 20% 的明度，即可得到 3 种颜色，如图 5-176 所示。

图 5-176

5.13 本章小结

本章主要讲解了 UI 设计的原则和设计规范,并对界面设计中色彩的搭配与视觉效果进行了研究。同时针对 Sketch 软件的色彩应用和文本创建进行讲解。通过本章的学习,读者应该可以使用 Sketch 完成简单的移动 UI 设计,并了解在不同系统中设计 UI 时对字体和色彩的要求规范。

06
Chapter

使用Sketch设计PC端网站UI

移动端界面设计与PC端界面设计是现在网页设计的两个平台。由于平台的不同，在设计时切不可将一种界面简单地套在另一个平台上使用。这样既不美观也不符合用户体验。本章将针对PC端界面设计的要点和技巧进行介绍，并针对Sketch中一些高级处理功能进行讲解。

本章知识点：
★ 掌握Sketch图形的编辑技巧
★ 了解Sketch中位图的编辑和校正
★ 掌握组件的创建与应用
★ 了解PC端和移动端设计的区别

6.1 网页设计PC端和移动端的区别

一些用户认为网页手机端就是 PC 端的移植，不需要重新设计，只需照搬 PC 端的功能就行了。这是一种严重的误解。PC 端网页和移动端网页由于输出端的不同，有着很大的不同。例如屏幕尺寸、操作方法、网络环境、传感器、使用场景、软件迭代速度、续航和使用时间等方面。

6.1.1 屏幕尺寸不同

随着技术的日益成熟，移动端设备的屏幕越做越大，但是与 PC 端屏幕相比还是差一些。通常 PC 端屏幕比较大，所以浏览的视觉范围更广一些，可设计性更强。而且由于页面内容较多，所以页面中的一些小错误也不易被发现，如图 6-1 所示。

移动端设备的屏幕就小很多，操作局限性很大，如图 6-2 所示。

图 6-1

图 6-2

> 提示：PC端的页面尺寸，主要受到屏幕分辨率的影响。所以设计时要充分考虑分辨率对浏览效果的影响。建议在不同分辨率下测试页面效果。

6.1.2 操作方式不同

PC 端的操作方式与移动端的操作方式有着明显的差别，PC 端主要使用鼠标操作，通常包括滑动、左击、右击、双击、单击、拖曳等操作，操作相对来说比较简单，交互效果也比较少。

而手机端的操作方式就复杂多了，包含手指点击、滑动、双击、双指放大、双指缩小、五指收缩，以及 3Dtouch 按压力度等，除了手指操作外还包括配合传感器完成的摇一摇、陀悬仪感应灯操作方式，如图 6-3 所示。这些丰富的操作方式，也搭配着很多新颖的交互方式。

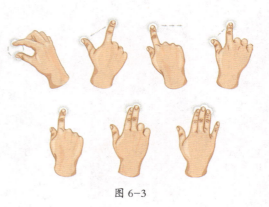

图 6-3

6.1.3 网络环境不同

不管是移动端还是 PC 端都离不开网络。PC 端设备网络连接通常都比较稳定，而移动端设备则可能遇到信号不稳或网络环境不佳，出现网速慢甚至断网的情况。产品经理在网页设计中要充分考虑到这些问题，提出更好的解决方案。

6.1.4 传感器不同

移动端设备完善的传感器是 PC 端设备不具备的，压力、方向、重力、GPS、NFC、指纹识别、虹膜识别、3Dtouch 和陀螺仪等。这些传感器使得移动端的操作千变万化，交互效果丰富多彩。在设计移动端网页中可以巧妙地使用传感器，让产品更丰富，更易用。

> **提示**：传感器指的是把特定的被测信息（包括物流量、化学量和生物量等）按一定规律转化成某种可用信号输出的器件或装置。

6.1.5 使用场景和使用时间的不同

PC 端设备一般在家、单位或者学校这些比较固定的场景使用，所以其使用时间偏于持续化，通常都是在一段特定的时间段内持续使用。

而移动端设备则不受任何限制，用户可以在吃饭、坐车、躺着休息时都可以使用，新增的防水功能甚至可以让用户在洗澡或游泳时使用移动设备。移动端的使用时间更加灵活，时间更加碎片化，所有的操作更偏向于短时间内完成。

6.1.6 软件迭代时间和更新频率不同

PC 端的软件迭代时间较长，用户主动更新软件的频率较低。而移动端则恰恰相反，软件迭代的时间较短，用户主动更新软件的频率很高。这些内容都需要产品经理在设计网站时考虑到。

> **提示**：除了台式机外，笔记本PC端和移动端设备都需要考虑电池的续航问题。无论是在页面的设计还是交互动画的设计都要考虑到续航问题。

6.1.7 功能设计上的区别

考虑以上的诸多因素，移动端页面设计与 PC 端页面设计有着很大的不同。例如 PC 端经常使用的下拉菜单，在移动端就很少使用。而移动端的滑动解锁在 PC 端也是没有的。

当需要用户在页面中输入文字时，PC 端一般都是通过文本框解决，如图 6-4 所示。而移动端由于手机屏幕尺寸和界面风格的原因，通常采用另起一页或者文字后面直接输入的方法，如图 6-5 所示。

在 PC 端中，一般会使用下拉菜单或者单选按钮表现内容的选择，如图 6-6 所示。而在移动端，由于手指操作的编辑性，一般不会采用 PC 端的方式，而是通过列表选择或者其他方式完成，如图 6-7 所示。

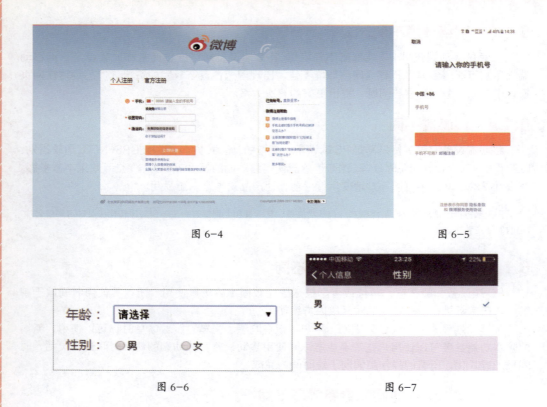

图 6-4　　　　　　　　　　　　　　　图 6-5

图 6-6　　　　　　　　　　　　　　　图 6-7

6.2　扁平化设计在UI设计中的应用

随着扁平化设计风格的流行，扁平化网站界面越来越多，特别是许多欧美网站都采用扁平化设计，页面设计简单大方，内容表达直观突出，并且网页界面具有良好的用户体验和交互性。

网站界面中所包含的元素有很多种，这些设计元素也是通过一系列的风格、尺寸和形状等属性体现出来的，这些元素在网站界面设计中各自都有各自不同的用途，如果设计者使用恰当且设计新颖，每一种元素都能够以它们独特的展现方式使得网页风格焕然一新。

6.2.1　图标和徽章

图标在网页中占据的面积很小，不会阻碍网页信息的宣传，另外设计精美的图标还可以为网页增添色彩。由于图标本身具备的种种优势，几乎每一个网站的界面中都会使用图标来为用户指路，从而大大提高了用户浏览网站的速度和效率，也极大地提升了网站界面的美观程度，如图6-8所示。

徽章在网站界面设计中的用处就是作为装饰品来吸引用户的注意力并且给他们传达某些重要的信息，除此之外便没有什么其他的作用。但是如果使用得当，也很有可能会得到意想不到的精彩效果，如图6-9所示。

图 6-8

图 6-9

6.2.2 圆角和折角

所谓的圆角设计就是指将要插入到网页中的图片或其他元素以圆角的形式在网页中展现，从而达到一种圆润、平滑的效果，使得浏览者在浏览该网站时在视觉体验上有一种舒适、平静的感觉，而不会有特别尖锐的视觉效果。

圆角并不能随心所欲地在网页中大量使用，只有当圆角和网页的整体视觉风格相匹配时，这样的使用才是合理的。另外，将多个圆角构图联合起来使用还可以在视觉效果上增强设计的整体性，如图6-10所示。

图 6-10

折角能够让网页或者网页中的元素以类似纸张边角折起、卷起等效果显示，非常具有文化气息，它将网页与印刷的形式相联系，让浏览者对其有一种信任感并且更容易去接受网站界面上所传达的信息。

折角的网页展现形式大多适用于一些文化艺术类网站，因为这种结构形式的网站界面很容易让人联想到纸张，从而与网站的主题内容遥相呼应，能够丰富网站的内容和整体结构，如图6-11所示。

图6-11

6.2.3 标签和条纹

标签元素在网站界面设计中并不是经常用到，但是实质上，标签和折角、图标等设计元素的用途差不多，只不过它没有其他元素张扬的风格，它只会以一种巧妙且恰到好处的方式在网页中出现并为用户提供网站的相关信息。

标签在网站界面中能够吸引浏览者注意力的主要是它的本质，并且尤其值得注意的是，当我们需要将某个信息展示给用户时，只需在标签上放置一个标题，就可以达到突出该部分信息的效果，用户若想浏览该信息也极为方便、快捷，如图6-12所示。

图6-12

条纹在网站界面设计元素中是最简单的也是相当微小的一部分，但是在对网站界面进行设计时，还是会经常用到条纹这一元素的。

条纹没有徽章的耀眼、图标的意义深刻且大多作为背景来展示，因此其在网站界面上主要是以细致入微并且赏心悦目的方式来提高页面的设计水准，从而在不知不觉之间对网站进行由内而外的改变和提升，如图6-13所示。

图 6-13

6.2.4 装饰元素

装饰元素在网站界面中的地位算是比较重要的，大多数网站都需要通过各种精美的装饰元素来点缀网站界面，为页面增加看头来吸引浏览者驻足观看，从而能够使得网页信息得到充分的宣传，如图 6-14 所示。

图 6-14

装饰背景也属于装饰元素。如今，在网站界面上使用装饰模式来设计网页界面已经成为一种流行趋势，如果装饰背景在网页界面中运用得当，则可以让一个设计变得时尚、典雅抑或是帅气、刚毅，如图 6-15 所示。

图 6-15

6.3 编辑绘制的图形

在页面中创建图形后,Sketch 可以对其进行再次的编辑。Sketch 的主要编辑工具在软件界面的工具栏上,默认情况下包括了分组、取消分组、编辑、变换、旋转、蒙版、布尔运算等操作,如图 6-16 所示。

图 6-16

6.3.1 分组和取消分组

UI 界面通常由很多部分组成,为了便于编辑和管理,常常会将同类或同功能的图形分组。选中想要分组的图形,"图层"面板如图 6-17 所示。

单击工具栏上的"分组"按钮,图形将被编组,"图层"面板效果如图 6-18 所示。所选图形的图层都被组合到一个图层组中,双击图层组名即可为其重新命名。单击工具栏上的"取消分组"按钮,即可取消编组,"图层"面板效果如图 6-19 所示。

图 6-17　　　　　　　　图 6-18　　　　　　　　图 6-19

> 提示：编组后的图形将作为一个整体一起移动、旋转和缩放等操作。但不能用来同时编辑和变换。

6.3.2　编辑和变换图形

绘制图形后，用户可以通过双击图形对图形进行再次编辑。也可以单击工具栏上的"编辑"按钮直接进入编辑模式，如图 6-20 所示。

> 知识链接：关于图形的编辑，请参看本书的 4.3 "插入矢量"一节。

用户也可以使用 Sketch 的变换功能改变图形的形状。选中图形，单击工具栏上的"变换"按钮，拖动四角的锚点来改变图形的形状，即可实现图形的变换，如图 6-21 所示。拖动图形中间的锚点可以同时移动两个边角，实现图形倾斜的效果，如图 6-22 所示。

图 6-20　　　　　　　　图 6-21　　　　　　　　图 6-22

> 提示：拖动图形一角变形时，其对角会向着相反方向拉伸，形成对称的变形效果。按住 command 键的同时再拖动鼠标即可实现顶点同方向拉伸。

6.3.3　旋转图形

用户如果希望旋转图形，可以单击工具栏中的"旋转"按钮，此时光标将变成双箭头，按下左键拖动即可实现图形的旋转，图形右侧会出现旋转角度的提示框，如图 6-23 所示。

用户如果需要获得精确的旋转角度，可以在检查器面板"变换"文本中输入旋转角度，如图 6-24 所示。

图 6-23

图 6-24

提示：在拖动旋转图形时，按下shift键可以实现15°、30°、45°、60°、75°和90°的旋转效果。

Sketch除了可以完成图形旋转的操作外，还可以实现旋转复制的操作效果。"旋转复制"工具没有出现在默认的工具栏里，用户可以通过自定义工具栏，将其添加到工具栏上。也可以执行"图层 > 路径 > 旋转复制"命令，如图6-25所示。

图 6-25

实战——旋转复制图形

最终文件	源文件 \ 第 6 章 \6-3-3.sketch
视频	视频 \ 第 6 章 \6-3-3.mp4

步骤 01 启动Sketch软件，新建一个Sketch文件。使用"三角形"工具，在页面中绘制一个三角形，并设置"填充"颜色为从#F3CE6E到#FE7D00的线性渐变，效果如图6-26所示。

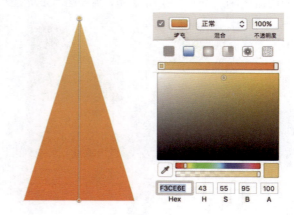

图 6-26

步骤 02 在检查器"变换"选项后的文本框中输入旋转90°，如图6-27所示。旋转效果如图6-28所示。

图 6-27　　　　　图 6-28

步骤 03 执行"图层>路径>旋转复制"命令，在弹出的"旋转复制"对话框中输入需要复制的个数，如图6-29所示。单击"好"按钮，复制效果如图6-30所示。

图 6-29　　　　　　　　　　　　　　图 6-30

步骤 04 上下拖动复制图形中心位置，可以获得更多丰富的复制效果，如图6-31所示。

图 6-31

6.3.4 蒙版

Sketch 中的蒙版可以让用户有选择地显示图层中的局部。例如在一个图片上创建圆形蒙版，则图片只会显示圆形的效果，如图 6-32 所示。

图 6-32

在 Sketch 中，所有图形都可以变成蒙版。选择图形，执行"图层＞用所选图形作为蒙版"命令，如图 6-33 所示。所有这个蒙版上面的图形都会被剪切成蒙版的内容显示出来，如图 6-34 所示。

图 6-33　　　　　　图 6-34

提示：蒙版图层通常是在所有被蒙版图层的底部，否则将无法实现蒙版剪切效果。

1. 限制蒙版

有时用户不希望所有的图层都被蒙版剪切，那么可以将蒙版和想要被剪切的图层单独编组，组外的图层将不会被蒙版剪切了，如图 6-35 所示。

图 6-35

在无法编组的情况下，用户可以选中一个想要释放的图层，执行"图层 > 忽略底层蒙版"命令，如图 6-36 所示。这一层和它以上的所有图层都不会被蒙版剪切了。需要注意的是，调整图层顺序时需要格外小心，个别图层可能会意外地被蒙版剪切，如图 6-37 所示。

图 6-36　　　　　　图 6-37

2. 图形蒙版

用户可以同时选中一个图形和一张图片，单击工具栏上的"蒙版"按钮或者执行"图层 > 用所选图形作为蒙版"命令，如图 6-38 所示，就可以直接将这个图形作为选中图形的蒙版了。Sketch 会将它们自动编组，并将图形图层变成蒙版，如图 6-39 所示。

图 6-38　　　　　　图 6-39

3. Alpha 蒙版

通常情况下一个蒙版会显示出所在区域的内容，而隐藏其他地方。Alpha 蒙版是一种渐变蒙版，通过为蒙版图形设置黑白的渐变填充实现效果。

实战——使用蒙版绘制按钮

最终文件	源文件 \ 第 6 章 \6-3-4.sketch
视频	视频 \ 第 6 章 \6-3-4.mp4

步骤 01 启动Sketch软件，新建一个Sketch文件。使用"图片"工具，将"素材>第6章>沙滩.jpg"文件插入到页面中，效果如图6-40所示。使用"椭圆"工具在页面中创建一个如图6-41所示的圆形。

图 6-40　　　　　　　　　　　　图 6-41

步骤 02 单击工具栏上的"蒙版"按钮，得到蒙版效果，如图6-42所示。在"图层"面板中选择圆形图层，执行"图层>蒙版模式>透明度蒙版"命令，如图6-43所示。

图 6-42　　　　　　　　　　　　图 6-43

步骤 03 在检查器面板上设置"填充"颜色为从不透明度为0%的白色到不透明度为100%的黑色的线性渐变，如图6-44所示。蒙版效果如图6-45所示。

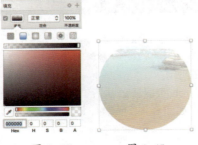

图 6-44　　　　图 6-45

步骤 04 拖动调整渐变控制轴，调整Alpha蒙版效果，如图6-46所示。图层面板如图6-47所示。

图 6-46　　　　　　　　图 6-47

6.3.5　剪刀与描边宽度

当用户希望将一个闭合路径转换为开放路径时，可以使用"剪刀"工具。"剪刀"工具没有在默认的工具栏上，可以通过自定义工具栏，将其添加到工具栏上，如图6-48所示。用户也可以在选中图形的情况下，执行"图层 > 路径 > 剪刀"命令，如图6-49所示。

使用"剪刀"工具在图形的边上单击即可将当前边剪去，如图6-50所示。完成操作后，单击鼠标右键，在弹出的选项框中单击"确定"按钮或者按下回车键即可退出操作，如图6-51所示。当图形被剪切到只剩下一条直线时，Sketch会自动退出剪刀工具。

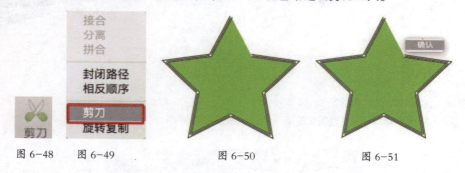

图 6-48　　图 6-49　　　　图 6-50　　　　　图 6-51

> 提示：双击剪切后的图形，光标会变成钢笔图标，拖动即可再次绘制图形。

6.4　位图的编辑

在Sketch中可以非常方便地使用位图元素，但是Sketch不是一个位图编辑软件，它所提供的位图编辑功能比较简单。双击位图或者单击工具栏上的"编辑"按钮，在检查器中即可显示位图编辑，如图6-52所示。

除了插入位图以外，Sketch可以通过执行"图层 > 将所选拼合为位图"命令，将任何一个图层转换为扁平的位图，如图6-53所示。

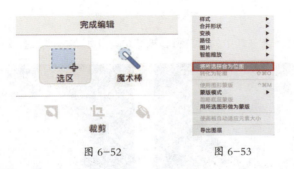

图 6-52　　　　　　图 6-53

6.4.1　编辑位图

Sketch 一共提供了 5 种位图工具，分别是选区、魔术棒、反向选择、裁剪和填充选区。其中反向选择、裁剪和填充选区工具只能在创建完选区后才能使用。

1. 选区

使用选区工具在图片上拖动，即可创建一个矩形选择区域，如图 6-54 所示。按下 shift 键的同时创建选区，可以实现选区的相加操作，如图 6-55 所示。按下 option 键的同时可以实现选区的相减操作，如图 6-56 所示。

图 6-54　　　　　　　　图 6-55　　　　　　　　图 6-56

2. 魔术棒

选区工具只能创建规则的选区，使用魔术棒工具则可以创建不规则的选区。在图片上任意位置单击并拖曳，即可创建一个选区，拖曳的范围越大，容差就会越大，如图 6-57 所示。配合 shift 键和 option 键可以获得更加精确的选区，如图 6-58 所示。

图 6-57　　　　　　　　　　　　图 6-58

3. 反向选择

单击该按钮，当前未被选中的区域将会被选中，反之亦然，如图 6-59 所示。

图 6-59

4. 裁剪

创建选区后单击"裁剪"按钮，将减去选区之外的区域，如图 6-60 所示。

图 6-60

5. 填充选区

创建选区后单击"填充选区"按钮，将为选区填充特定颜色，同时出现拾色器供用户选择颜色，如图 6-61 所示。填充效果如图 6-62 所示。

图 6-61　　　　　　　　　　图 6-62

6.4.2 色彩校正

如果用户希望对图片进行简单的色彩调整，可以先选中图形，在检查器面板中可以看到"颜色调整"的参数，如图6-63所示。用户可以分别对图片的色相、饱和度、亮度和对比度进行调整。调整色相的效果如图6-64所示。

图 6-63

图 6-64

> **提示：** 色彩校正的操作并不会破坏原图，用户可以通过修改参数将图片恢复原来的样子。

6.5 应用样式

Sketch 中为用户提供了丰富的样式功能，在本书的第 5.7 节中已经介绍了文本演示的创建与使用，接下来介绍一下图形样式的使用。

6.5.1 阴影

阴影样式的效果是在一个图形的外部添加阴影效果，单击检查器面板上的"阴影"选项，即可为图形添加阴影样式，阴影的各项参数如图6-65所示。

除了可以设置阴影的颜色外，用户可以在文本框中输入数值，实现对阴影的方向、模糊效果和模糊范围的控制，如图6-66所示。

图 6-65

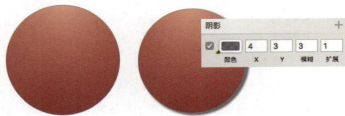
图 6-66

单击"阴影"参数后面的"+"按钮，可以创建一个新的阴影样式。同时创建多个样式供用户选择使用。如图6-67所示。单击右上角的"垃圾桶"图标，即可删除未使用的样式。

图 6-67

6.5.2 内阴影

内阴影样式与阴影样式具有相同的参数，使用方法也大致相同，如图 6-68 所示。对于文本图层，只有将内阴影的模糊半径设置为 0 时，才是最好的效果。同时，扩展并不适用于文本图层。

图 6-68

6.5.3 模糊

单击检查器面板上"高斯模糊"选项，在弹出的快捷菜单中可以看到 Sketch 为用户提供了 4 种不同的模糊方式，高斯模糊、动态模糊、放大模糊和背景模糊，如图 6-69 所示。

1. 高斯模糊

当用户为了减少图像噪声或者降低图像细节层次时，可以选择添加高斯模糊样式。高斯模糊可以实现图层均匀的模糊效果。勾选"高斯模糊"选项后面的复选框，即可为图形添加高斯模糊效果，如图 6-70 所示。

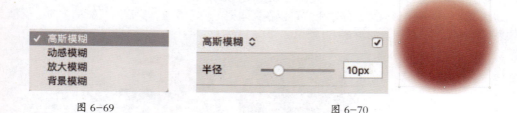

图 6-69　　　　　　　　　　图 6-70

2. 动感模糊

动感模糊样式可以模拟运动时的模糊效果。勾选"动感模糊"选项后面的复选框，即可为图形添加动感模糊效果，如图 6-71 所示。

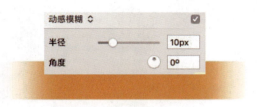

图 6-71

3. 放大模糊

放大模糊样式可以实现从一个特定的点向外模糊的效果。勾选"放大模糊"选项后面的复选框,即可为图形添加放大模糊效果,如图 6-72 所示。

图 6-72

拖动调整"半径"的数值,实现不同的放大模糊效果,如图 6-73 所示。单击"起点"选项后面的"编辑"按钮,即可进入编辑状态,拖动模糊的起点,可以实现不同的模糊角度,如图 6-74 所示。

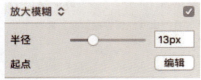

图 6-73    图 6-74

4. 背景模糊

背景模糊效果主要是为了迎合 iOS 系统,实现 iOS 系统中的模糊背景效果。

实战——创建背景模糊效果

最终文件	源文件 \ 第 6 章 \6-5-3.sketch
视频	视频 \ 第 6 章 \6-5-3.mp4

步骤 01 启动Sketch软件,新建一个Sketch文件。选择插入一个iPhone 7的画板,如图6-75所示。使用"图片"工具将"素材>第6章>背景.jpg"插入到页面中,如图6-76所示。

步骤 02 使用"矩形"工具在页面中绘制一个如图6-77所示的矩形。在检查器面板中为其添加"背景模糊"样式,并设置模糊半径值,如图6-78所示。

　　图 6-75　　　　　图 6-76　　　　图 6-77　　　　　图 6-78

步骤 03 此时看不出有任何模糊效果。修改图形"填充"颜色的"不透明度"，得到背景模糊效果，如图6-79所示。

图 6-79

> **提示**：模糊操作非常消耗系统资源，图层越大，模糊需要占用的内存和处理器就越多。所以尽量少使用模糊样式，或者选择普通模糊，而不要选择耗费资源更多的背景模糊。

6.6　混合模式

　　Sketch 中的"混合"与 Photoshop 等软件中的混合功能相似，都是为了将对象颜色与底层对象的颜色混合，得到更多、更丰富的页面效果。

　　Sketch 一共为用户提供了 16 种混合模式，单击检查器面板中的"混合"选项，弹出混合模式下拉菜单，如图 6-80 所示。

　　将两个对象叠加在一起，对顶部的对象指定混合模式，即可获得不同的混合效果，16 种混合效果如图 6-81 所示。

图 6-80

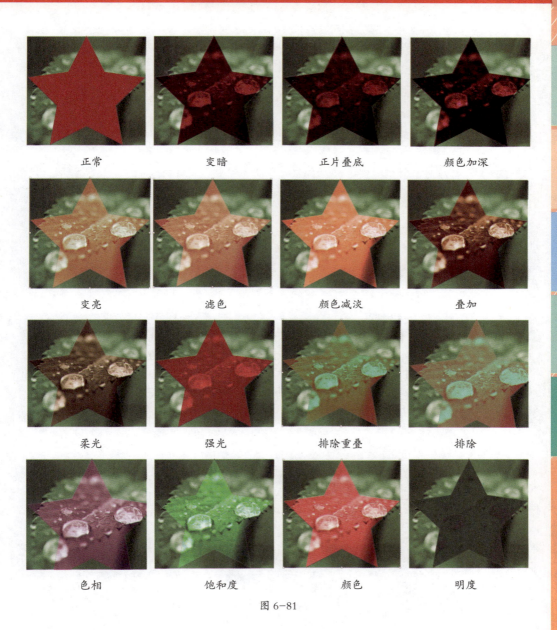

图 6-81

6.7 组件

　　一个完整的网站通常要包含很多页面,为了保持整个网站的风格一致性,每个页面上通常都会采用相同风格的元素,例如按钮、图标和装饰等。多次制作肯定是愚蠢的做法。

Sketch 为用户提供了组件的概念，它可以方便地让用户在多个页面和画板中重复运用某组内容。

> 提示：符号被保存在某一个文件中，只能在当前文件中使用，不能在不同文件中共享。

6.7.1 创建组件

要想创建新的组件，只需选中一个组或者几个图层，单击工具栏上的"创建组件"按钮或者执行"图层 > 创建组件"命令，如图 6-82 所示，弹出"创建新的组件"对话框，如图 6-83 所示。

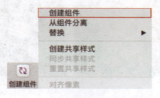
图 6-82

图 6-83

单击"好"按钮，即可创建一个组件。Sketch 会将所有图层自动编组为一个组件页面，组件组图标为紫色的，如图 6-84 所示。检查器面板中可以看到新创建的组件，如图 6-85 所示。

执行"插入 > 组件"命令，选择想要插入的组件，即可在页面中重复使用该组件，如图 6-86 所示。用户也可以直接在"插入"面板中选择"组件"选项下的组件，插入到页面中，如图 6-87 所示。当用户双击组件，对组件进行修改时，其他所有副本组件将同时发生改变。

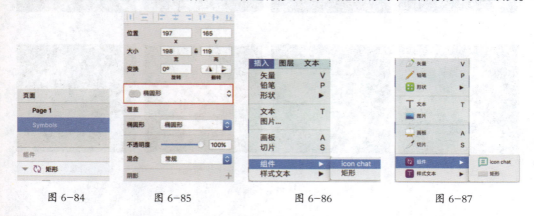

图 6-84　　　　图 6-85　　　　图 6-86　　　　图 6-87

> 提示：除了执行插入命令外，用户可以直接在画布中复制粘贴组件，Sketch会自动将所有副本保持链接。

6.7.2 覆盖文本

组件被广泛应用到网页设计中，最为常见的是应用到网页的头部和底部，也常常会用作按钮元素。此时用户就会希望按钮组件上的文字可以独立编辑，以便实现每个按钮看起来一样，但里面的文本内容各不相同。

使用"圆角矩形"工具和"文本"工具在页面中创建一个组件，如图 6-88 所示。按下

option 键的同时拖曳复制组件，效果如图 6-89 所示。

图 6-88　　　　　　　　　　　图 6-89

选择其中的一个按钮，在检查器面板中"覆盖"选项后面的文本框中输入文本内容，如图 6-90 所示。

图 6-90

6.7.3　管理组件

当用户创建组件后，Sketch 会自动创建一个组件页面，用来保存所有的组件内容，如图 6-91 所示。

图 6-91

用户可以在该页面中完成对组件的复制、删除等操作。执行"图层 > 从组件分离"命令，可以将当前组件从组件组中分离出来，成为一个普通的图层，如图 6-92 所示。

当用户同时创建多个组件时，可以执行"图层 > 替换"命令，选择想要替换的组件，可以为现有的组件更换组件，如图 6-93 所示。

图 6-92　　　　　　　图 6-93

6.8 实战——绘制企业PC端网站界面

最终文件 源文件 \ 第 6 章 \6-8.sketch
视频 视频 \ 第 6 章 \6-8.mp4

步骤 01 新建一个Sketch文件，在"插入"面板中选择"画板"工具，插入一个Desktop HD的画板，如图6-94所示。使用"图片"工具将"素材>第6章>top.jpg"文件插入到页面中，如图6-95所示。

图 6-94　　　　　　　　　　图 6-95

步骤 02 插入效果如图6-96所示。使用"矩形"工具在页面中绘制一个1 000×60，"填充"颜色为不透明度80%的白色矩形，如图6-97所示。

图 6-96　　　　　　　　　　　　　　图 6-97

步骤 03 执行"编辑>复制"命令，复制一个矩形，双击矩形副本，拖动锚点，修改轮廓，效果如图6-98所示。修改图形"填充"颜色为60%不透明度的黑色，如图6-99所示。

图 6-98　　　　　　　　　　　　　图 6-99

步骤 04 使用"文本"工具，在页面中输入文本，并在检查器面板中设置文本的各项参数，文本效果如图6-100所示。

图 6-100

步骤 05 继续使用"文本"工具,在页面中输入文本,并在检查器面板中设置文本的各项参数,文本效果如图6-101所示。

图 6-101

步骤 06 继续使用"文本"工具,在页面中输入二级导航文本,文本检查器面板参数如图6-102所示。

图 6-102

步骤 07 将文字图层和图形图层都选中,单击工具栏上的"分组"按钮,将图层编组,并重命名为"导航",如图6-103所示。使用"矩形"工具在页面中绘制一个380×45,"填充"颜色为#fe0000的矩形,如图6-104所示。

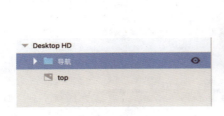 

图 6-103   图 6-104

步骤 08 使用"矩形"工具,在页面中绘制一个380×200的矩形,再次使用"矩形"工具绘制一个380×60的矩形,图形效果如图6-105所示。使用"文本"工具在页面中输入如图6-106所示的文本内容。

图 6-105   图 6-106

步骤 09 选择"插入"面板上的"图片"工具,将"素材>第6章>pic1.jpg"文件插入到页面中,并调整大小位置,如图6-107所示。拖动选中图片和图形,单击工具栏上的"蒙版"按钮,为图片创建蒙版效果,如图6-108所示。

图 6-107　　　　　　　　　　　图 6-108

步骤 10 继续使用相同的方法,绘制页面其他部分,完成效果如图6-109所示。

图 6-109

提示:用户可以通过按下option键的同时拖动复制图形,然后再分别修改复制图形的文本内容和替换图片。

步骤 11 使用"矩形"工具,在页面的底部绘制一个1 440×80,"填充"颜色为80%不透明度的#333333,效果如图6-110所示。

图 6-110

步骤 12 继续使用"文本"工具，在页面底部输入文本内容，完成页面的制作，页面效果如图6-111所示。执行"文件>保存"命令，将文件保存为6-8.sketch文件。

图 6-111

6.9　实战——绘制企业PC端网站界面

| 最终文件 | 源文件 \ 第 6 章 \6-9.sketch |
| 视频 | 视频 \ 第 6 章 \6-9.mp4 |

步骤 01 新建一个Sketch文件，在"插入"面板中选择"画板"工具，插入一个Desktop的画板。如图6-112所示。在检查器面板中修改画板高度为4 408，如图6-113所示。

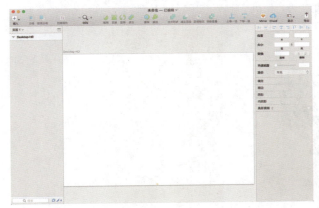

图 6-112

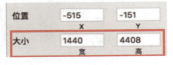

图 6-113

步骤 02 选中画板图层,在检查器面板中修改"背景颜色"为#efefef,如图6-114所示。使用"矢量"工具在页面中绘制"填充"颜色为#ffd302的图形,效果如图6-115所示。

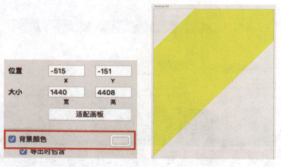

图 6-114　　　　　图 6-115

步骤 03 继续使用相同的方法,使用"矢量"工具在页面中绘制图形,绘制效果如图6-116所示。选中图形图层,将它们编组为"背景"。使用"图片"工具将"素材>第6章>标志.png"插入到页面中,并调整大小位置,如图6-117所示。

图 6-116　　　　　图 6-117

步骤 04 使用"文本"工具,在页面中输入如图6-118所示的文本。使用"矩形"工具在页面中绘制一个88×33,"填充"颜色为#9b9b9b的矩形,使用"旋转"工具调整其到如图6-119所示的位置。

图 6-118　　　　　图 6-119

步骤 05 按下option键的同时拖曳复制图形，得到如图6-120所示的效果。使用"文本"工具在页面中输入文本，并使用"旋转"工具旋转，效果如图6-121所示。

图 6-120　　　　　图 6-121

步骤 06 将文字和图形图层都选中，单击工具栏上的"分组"按钮，将其分组为"导航"，如图6-122所示。使用"图片"工具，将"素材>第6章>book.png"文件导入到页面中，调整大小位置，效果如图6-123所示。

图 6-122　　　　　　　　　　图 6-123

步骤 07 选中图片，在检查器面板中为其添加"阴影"样式，各项参数设置如图6-124所示，效果如图6-125所示。

图 6-124　　　　　　图 6-125

207

步骤 08 使用"文本"工具在页面中输入文字,完成效果如图6-126所示。

图 6-126

步骤 09 使用"矢量"工具绘制描边,检查器各项参数如图6-127所示。按下option键的同时拖动描边,复制对象,单击检查器上的"水平翻转"按钮,得到如图6-128所示的效果。

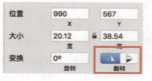

图 6-127　　　　　　　　　　　　图 6-128

步骤 10 使用"文本"工具输入如图6-129所示的文本内容。使用"矩形"工具,在页面中绘制一个黑色的矩形,效果如图6-130所示。

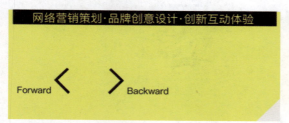

图 6-129　　　　　　　　　　　　图 6-130

步骤 11 使用"文本"工具在页面中输入文本内容,效果如图6-131所示。检查器面板各项参数如图6-132所示。将图形和文字图层选中并编组,命名为"顶部"。

图 6-131　　　　　　　　　　　　图 6-132

步骤 12 使用"矩形"工具,在页面中绘制一个193×193的矩形,旋转45°后,复制多个,排列效果如图6-133所示。使用"图片"工具将"素材>第6章>pic4.jpg"插入到页面中,效果如图6-134所示。

图 6-133　　　　　　　　　图 6-134

步骤 13 选中图形和图片,单击工具栏上的"蒙版"按钮,为图片创建蒙版效果,如图6-135所示。使用相同的方法,继续插入图片,并应用蒙版,效果如图6-136所示。

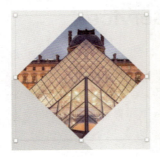

图 6-135　　　　　　　　　图 6-136

步骤 14 使用"文本"工具在页面中输入文本,效果如图6-137所示。检查器面板上文本各项参数设置如图6-138所示。

图 6-137　　　　　　　　　图 6-138

步骤 15 将蒙版组合文字层同时选中编组为"项目1"。使用"圆角矩形"工具,在页面中绘制一个290×95的圆角矩形,"圆角"设置为100,如图6-139所示,绘制效果如图6-140所示。

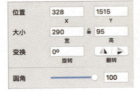

图 6-139　　　　　　　　　图 6-140

步骤 16 执行"编辑>复制"命令，修改图形大小为310×112，设置"描边"参数，如图6-141所示。单击"调整描边属性"按钮，设置虚线参数，如图6-142所示。

图 6-141　　　　　　图 6-142

步骤 17 绘制按钮效果如图6-143所示。使用"文本"工具在按钮上输入文本，按钮效果如图6-144所示。

图 6-143　　　　　　图 6-144

步骤 18 选中按钮的所有图层，单击工具栏上的"创建组件"命令，在弹出的"创建新的组件"对话框中将其命名为"按钮"，如图6-145所示。将其创建为组件，图层面板如图6-146所示。

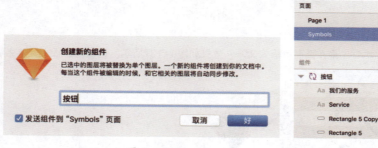

图 6-145　　　　　　图 6-146

步骤 19 使用"文本"工具在页面中创建文本，如图6-147所示。文本检查器各项参数设置如图6-148所示。

图 6-147

图 6-148

步骤 20 使用"图片"工具将"素材>第6章>pic13.jpg"文件插入到页面中,并调整大小位置,如图6-149所示。双击图片,进入位图编辑模式,使用"选区"和"裁剪"工具裁剪位图,效果如图6-150所示。

图 6-149

图 6-150

步骤 21 继续使用"选区"工具、"反向选择"工具和"裁剪"工具完成如图6-151所示的图形效果。使用"图片"工具将"素材>第6章>pic14.png"文件插入页面中,调整大小位置,如图6-152所示。

图 6-151

图 6-152

步骤 22 使用"矩形"工具、"文本"工具和"矢量"工具,绘制完成如图6-153所示的效果。在"插入"面板中选择"组件"工具,将"按钮"组件插入到页面中,如图6-154所示。

图 6-153

图 6-154

步骤 23 选中按钮,在检查器面板的"覆盖"选项下修改按钮组件的文字,如图6-155所示。修改后的按钮效果如图6-156所示。

图 6-155　　　　　　　　　　　　图 6-156

步骤 24 继续使用"文本"工具在页面中输入文本内容，如图6-157所示。使用"图片"工具将"素材>第6章>pic15.png"插入到页面中，效果如图6-158所示。

图 6-157　　　　　　　　　　　　图 6-158

步骤 25 使用"图片"工具，将"素材>第6章>pic16.jpg"插入到页面中，效果如图6-159所示。使用"矢量"工具在页面中绘制如图6-160所示的图形。

图 6-159　　　　　　　　　　　　图 6-160

步骤 26 将文字和图形图层选中编组为"我们的优势"。继续将"按钮"组件插入页面中，并修改按钮文字，如图6-161所示。使用"文本"工具在页面中输入文字内容，如图6-162所示。

图 6-161　　　　　　　　　　　　图 6-162

步骤 27 使用"三角形"工具在页面中绘制一个三角形,并复制多个,效果如图6-163所示。使用与步骤13相同的方法,制作蒙版,完成效果如图6-164所示。

图 6-163　　　　　　　　　　　　图 6-164

步骤 28 将"按钮"组件插入页面中,并修改按钮文字,如图6-165所示。按钮效果如图6-166所示。

 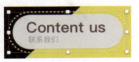

图 6-165　　　　　　　　　　　　图 6-166

步骤 29 使用"文本"工具在页面中输入文本内容,文本效果如图6-167所示。使用"矩形"工具在页面中绘制一个620×390的白色矩形,为其添加"阴影"样式,效果如图6-168所示。

图 6-167　　　　　　　　　　　　图 6-168

步骤 30 继续使用"文本"工具和"矩形"工具在页面中绘制表单,完成效果如图6-169所示。使用"矩形"工具在页面底部创建一个1 440×104的黑色矩形,效果如图6-170所示。

图 6-169　　　　　　　　　　　　图 6-170

步骤31 执行"文件>保存"命令，将文件保存为6-8.sketch。完成页面的设计制作，最终效果如图6-171所示。

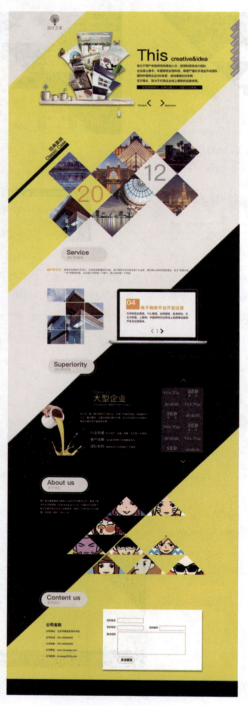

图 6-171

6.10 专家支招

网站作为传播信息的一种载体，也要遵循一些设计的基本原则。但是，由于表现形式、运行方式和社会功能的不同，网站 UI 设计又有其自身的特殊规律。网站 UI 设计，是技术与艺术的结合、内容与形式的统一。

6.10.1 理解以用户为中心

以用户为中心的原则实际上就是要求设计者要时刻站在用户的角度来考虑，主要体现在以下几个方面。

1. 使用者优先观念

无论什么时候，不管是在着手准备设计网站界面之前、正在设计之中，还是已经设计完毕，都应该有一个最高行动准则，就是使用者优先。使用者想要什么，设计者就要去做什么。如果没有用户去光顾，再好看的网站界面都是没有意义的。

2. 考虑用户浏览器

还需要考虑用户使用的浏览器，如果想要让所有的用户都可以毫无障碍地浏览页面，那么最好使用所有浏览器都可以阅读的格式，不要使用只有部分浏览器可以支持的 HTML 格式或程序技巧。如果想要展现自己的高超技术，又不想放弃一些潜在的观众，可以考虑在主页中设置几种不同的浏览模式选项（例如纯文字模式、Frame 模式、Java 模式等），供用户自行选择。

3. 考虑用户的网络连接

还需要考虑用户的网络连接，用户可能使用 ADSL、高速专线或小区光纤。所以，在进行网页设计时就必须考虑这种状况，不要放置一些文件量很大，下载时间很长的内容。网站界面设计制作完成之后，最好能够亲自测试一下。

6.10.2 界面设计中的内容与形式统一

任何设计都有一定的内容和形式。设计的内容是指它的主题、形象、题材等要素的总和，形式就是它的结构、风格设计语言等表现方式。一个优秀的设计必定是形式对内容的完美表现。

一方面，网站界面设计所追求的形式美必须适合主题的需要，这是网站界面设计的前提。只追求花哨的表现形式，以及过于强调"独特的设计风格"而脱离内容，或者只求内容而缺乏艺术的表现，网站界面设计都会变得空洞无力。设计师只有将这两者有机地统一起来，深入领会主题的精髓，再融合自己的想法，找到一个完美的表现形式，只有这样才能体现出网站界面设计独具的分量和特有的价值。另一方面，要确保网页上的每一个元素都有存在的必要性，不要为了炫耀而使用冗余的技术，那样得到的效果可能会适得其反。只有通过认真设计和充分的考虑之后来实现全面的功能并体现美感，才能实现形式与内容的统一，如图 6-172 所示。

图 6-172

　　网站界面具有多屏、分页、嵌套等特性，设计师可以对其进行形式上的适当变化以达到多变的处理效果，丰富整个网站界面的形式美。这就要求设计师在注意单个页面形式与内容统一的同时，也不能忽视同一主题下多个分页面组成的整体网站的形式与整体内容的统一，如图 6-173 所示。因此，在网页设计中必须注意形式与内容的高度统一。

图 6-173

6.11　本章小结

　　本章针对 Sketch 绘制 PC 端网页界面设计进行学习。通过学习读者应该掌握 Sketch 中图形和位图的编辑，掌握样式、混合模式和组件的应用，并将所学内容应用到网页界面设计中去。同时要注意理解移动端页面设计与 PC 端界面设计的相同点和不同点，为切片输出页面打下基础。

07
Chapter

UI的输出与交互设计

经过前面章节的学习，读者应该掌握了Sketch绘制界面的基本方法和技巧了。但设计的目的是为了产品的最终输出。可以使用Sketch官方研发的Sketch Mirror，在iOS设备上随时地测试设计效果，直观地感受设计在实际设备上的效果。本章针对UI的输出和交互设计进行学习，帮助读者完成完整的设计输出过程。

本章知识点：
- ★ 适配多分辨率界面
- ★ 使用Sketch切图
- ★ 使用Sketch标注
- ★ 了解交互动效制作
- ★ 熟练使用Sketch插件

7.1 适配多分辨率移动界面

随着移动设备的发展，品种越来越丰富。一套界面已经无法满足所有的设备了，做好多分辨率的适配就尤为重要了。

7.1.1 适配安卓设备

目前市场上在售的安卓设备有两千多种，要做到适配所有的设备看似是不可能的。但是，虽然安卓设备众多，但大部分屏幕的长宽比是16∶9。在Sketch的画板预设中，Material Design可以理解为安卓的画板，如图7-1所示。

画板的基本尺寸为360×540，该分辨率的2倍是720×1 280，3倍是1 080×1 920。当设计安排设备界面时，通常指需要用360×540的尺寸进行设计，然后输出3倍尺寸即可。在不同分辨率上程序会自动压缩。

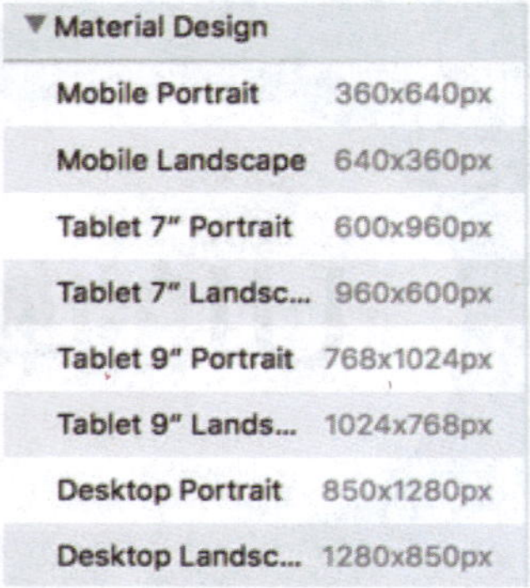

> 提示：Sketch导出的是位图类型。高分辨率位图压缩为低分辨率时图片的清晰度要高于低分辨率往高分辨率拉伸。

图 7-1

7.1.2 适配iOS设备

iOS设备相比安卓设备就少得多了，iPhone 4/4S的宽和iPhone 5/5S/5C一致，而iPhone 5/5S/5C、iPhone 6及iPhone 6 Plus的长度比一致。用户可以以iPhone 6为基准进行设计，然后根据iPhone 5及iPhone 6 Plus分别进行适配。

> 提示：在将设计稿发给程序时，通常会附上一个适配文件。指出界面内各元素当屏幕尺寸发生变化时可以根据指定的规则自行发生变更。

一般来说，iPhone 6适配iPhone 6 Plus，最快速的适配方式是直接按1.5倍缩放即可。适配过程中，图片可以等比缩放，文字则不行。文字的适配通常是控制显示内容以及每行文字数。列表则是对显示行数的多少进行适配。可以通过规定边距的数值来完成适配。

7.1.3 使用自适应设计插件

用户可以通过一个Fluid插件完成快速适配的操作。用户可以通过互联网下载该插件，下载地址为 https://github.com/matt-curtis/Fluid-for-Sketch，下载后，双击Fluid.sketchplugin文件完成安装。

启动Sketch，执行"插件>Fluid>显示隐藏工具栏"命令，如图7-2所示，即可在Sketch软件页面底部看到Fluid的工具栏，如图7-3所示。

图 7-2

图 7-3

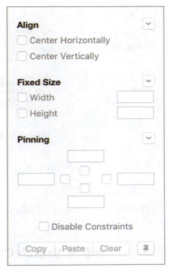

图 7-4

工具栏上包括了 4 个选项，Update Layout（更新布局）、Edit Constraints（编辑约束/策略）、Preview（预览）和 Toggle Size（切换尺寸）。

通常先选中需要设置的图层，然后单击 Edit Constraints 按钮，弹出如图 7-4 所示的对话框，在对话框中设置适配参数后，单击 Update Layout 按钮即可。单击 Preview 按钮，可以在各种尺寸下实时预览效果。

7.2 实现在设备上实时预览

设计师在设计界面时，有时会出现显示效果与设计效果不同的情况。例如尺寸不对、不能完全显示；按钮太小不易点击；文字太小不便阅读等。出现这样的问题只能重新修改发布，既耗费时间又耗费精力。

要避免出现反复修改的情况，最好的方式是在设计时就能看到真实的预览效果。Sketch 提供了非常方便的预览方式——Mirror。Mirror 是一款运行在 iOS 系统上的 App，可以让设计师实时地在移动设备中看到真实的显示效果。

7.3 分享设计稿

在实际工作中，设计完成后通常要将设计稿发送给产品经理。通常是先将设计稿导出为图片，然后再发送给产品经理，非常烦琐且容易出错。如果设计稿需要修改，则还要反复多次发送，严重影响了工作效率，也加大了错误产生的概率。

Sketch 为用户提供了云端功能——Sketch Cloud。使用 Sketch Cloud 可以让用户快速上传 Sketch 文件，其他用户可以通过一个链接访问，浏览页面效果。这既节省了设计师的时间，又便于不同用户浏览。

单击工作界面右上角的 Cloud 按钮，弹出"偏好设置"对话框，如图 7-5 所示。如果用户已经有了 Sketch 账号，单击"登录"按钮。如果没有则单击"创建账户"按钮，进入如图 7-6 所示的页面。通过邮箱验证后，登录账号。

图 7-5

图 7-6

单击 Cloud 按钮，在弹出的对话框中单击 Upload 按钮，即可将作品上传到云端，传输过程如图 7-7 所示。完成后即可看到浏览地址，单击即可浏览，如图 7-8 所示。

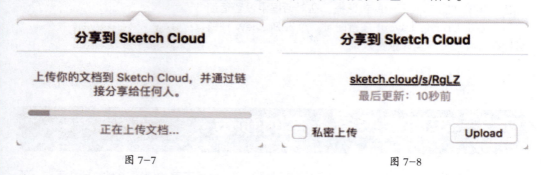

图 7-7　　　　　　　　　　　　　　图 7-8

7.4　交付给开发人员的文件

　　UI 在 Sketch 中设计完成后，要将最终文件交付给开发人员完成代码的添加。设计人员在进行设计稿交付前，要与开发人员进行沟通，了解开发人员的习惯、对设计稿的要求，甚至命名规范等，以确保能够顺利完成开发工作，减少不必要的反复。

　　通常交给开发人员的文件包括 3 个文件夹，分别是标注、切图和设计稿，如图 7-9 所示。

图 7-9

标注文件夹里面的文件是为说明设计稿而制作的标注文件，如图7-10所示。在该文件内，向开发人员展示各元素的尺寸、边距和颜色等信息；文字对象还要展示字体和行高等信息；触控图标则会给出触控范围。这些数据越精确详细，实现出来的最终效果才能和设计稿越接近。关于标注文件的创建将在7.6节详细讲解。

切图文件夹里包含界面中元素的切图。只要是开发人员不能直接通过代码实现的内容，都需要设计师切图输出，例如图标、按钮和背景图等元素。切图文件夹中的每个切图根据系统的不同会有不同的要求，以iOS为例，同一个图标的切图应至少有@2×和@3×的尺寸，如图7-11所示，而且还要包括图标不同状态的切图。

图7-10

图7-11

设计稿的文件夹里是设计文件的导出文件，方便开发人员查看设计稿本身的样式。有些开发团队不会把设计稿单独放到一个文件夹中，而是将其放入标注文件夹中，方便开发人员直接对比查看。

7.5 使用Sketch切图

为了便于开发人员使用设计稿中的每个元素，设计师需要将最终的设计稿切片输出。在Sketch中切图比在Photoshop等软件中要方便得多。

一般来说，将Sketch中的图层直接导出即可满足大部分的需求，但是图层直接导出只能导出图层本身的尺寸或自身的倍数，且只能导出该图层本身的内容。如果需要指定导出的尺寸，或者需要某一区域所有内容，则需要使用切片工具。

实战——使用切片工具创建切片

最终文件	源文件 \ 第7章 \7-5.sketch
视频	视频 \ 第7章 \7-5.mp4

步骤 01 执行"文件>打开"命令，将"素材>第7章>7.5.sketch"文件打开，效果如图7-12所示。在插入面板中选择"切片"工具或者按下S键，如图7-13所示。

图 7-12　　　　　　　　　　　图 7-13

步骤|02 移动光标到画板中，此时光标会变成一把刀的形状，画布中选中的图层或图层组会显示蓝色的边框，如图7-14所示。单击即可快速地将边框内的内容生成切片，如图7-15所示。

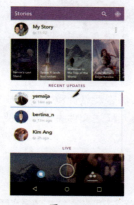

图 7-14　　　　　　　　　　　图 7-15

> **提示**：单击生成的切片会紧贴内容本身，忽略文字的行高等。生成的切片在画布中用虚线显示，在图层列表中用虚线缩略图表示，并包含一把刀的图标。

步骤|03 用户可以在画布中使用"切片"工具按住鼠标左键不放，拖曳出一个范围后释放鼠标，创建一个切片，如图7-16所示。继续使用相同的方法创建切片，最终效果如图7-17所示。

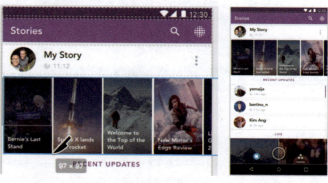

图 7-16　　　　　　　　　　　图 7-17

创建切片后，用户可以在画布中调整切片的范围和位置，都不会对画布本身的元素产生影响。要删除切片，只需选中切片后按 delete 键即可删除。单击图层面板右下角的刀图标，即可隐藏/显示切片。旁边的数值表示该画板中所包含的切片数量，即被导出的图层数量，如图 7-18 所示。

图 7-18

> 提示：为了方便创建切片，用户可以为某一个图层组创建专用的切片。只需将创建的切片图层拖动到该图层组上即可完成创建。

7.5.1 切片图层检查器

选中图层面板上的切片图层，检查器面板如图 7-19 所示。该检查器中位置、大小参数与其他图层的检查器相同。

1. 裁切透明像素

勾选该选项后，切片将自动删除切片内的透明像素区域。如果切片范围大于图层内容，在未勾选该选项时，效果如图 7-20 所示。勾选该选项后，切片内容自动裁切为图层内容尺寸，效果如图 7-21 所示。

图 7-19　　　　图 7-20　　　　图 7-21

2. 仅导出分组内容

当切片只针对某个图层组使用时，如果没有勾选"仅导出分组内容"选项，则将会将切片内所有内容导出，如图 7-22 所示。如果勾选"仅导出分组内容"选项，则将会只导出该图层组中的内容，如图 7-23 所示。

3. 背景颜色

默认情况下未勾选该选项，此时导出的切片为透明背景。如果希望导出的切片包含背景色则需要勾选该选项。

背景颜色默认为白色，也可以通过单击右侧的色块，设置其他背景颜色，如图 7-24 所示。如果勾选了"背景颜色"选项，则"裁切透明像素"选项将失效。

图 7-22　　　　　　　　　图 7-23

图 7-24

7.5.2　点九切图

点九是安卓系统中一种特殊的图片。一般是针对于背景图的切割来说的。使用这种切片方式可以使图片较好地适应各种分辨率，并会根据内容自动调节背景图片。

例如在聊天类软件中的聊天背景，当聊天内容长度不同时，聊天背景会根据内容自适应宽和高，如图 7-25 所示。聊天的内容是用户自己生成的，设计师不可能将所有情况下的设计都做出来，简单地进行缩放又会发生变形，这种情况下就可以使用点九切图了。

点九图就是在原来图片四边加上 1 个像素黑色的图片，如图 7-26 所示。顶部的黑线表示横向拉伸区域，底部的黑线表示横向显示内容区域，左侧的黑线表示纵向拉伸区域，右侧的黑线表示纵向显示内容区域。程序就是根据这 4 条线自适应的，如图 7-27 所示。

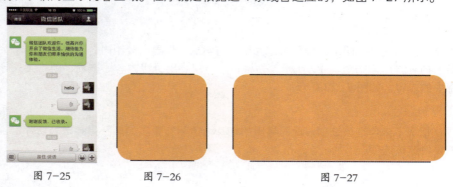

图 7-25　　　　　图 7-26　　　　　　图 7-27

提示：这4条黑线不能省略，填充色一定要是纯黑色（#000000），不透明度为100%，必须是1px的黑线，不能出现半像素。

实战——导出点九切图

最终文件	源文件 \ 第 7 章 \7-5-2.sketch
视频	视频 \ 第 7 章 \7-5.-2 mp4

步骤 01 新建Sketch文件，使用"圆角矩形"工具在页面中绘制一个103×103的圆角矩形，效果如图7-28所示。水平拖动调整矩形的大小，得到最小的图形，如图7-29所示。

图 7-28　　　　　　　　　图 7-29

步骤 02 使用"直线"工具，设置"描边"颜色为黑色，粗细为1，紧贴圆角矩形的左侧绘制直线，如图7-30所示。按下option键的同时拖曳复制直线到圆角矩形的另一边，如图7-31所示。

图 7-30　　　　　　　　　图 7-31

步骤 03 使用相同的方法，绘制上下两条直线，完成效果如图7-32所示。同时选中4条直线和圆角矩形，单击工具栏上的"分组"按钮，将其编组，单击检查器面板右下角的"导出Group"按钮，将其保存为take.9.png即可，如图7-33所示。

图 7-32　　　　　　　　　图 7-33

除了使用Sketch来完成点九切图操作外，用户也可以使用网上点九切图，访问网址http://romannurik.github.io/AndroidAssetStudio/nine-patches.html，页面效果如图7-34所示。

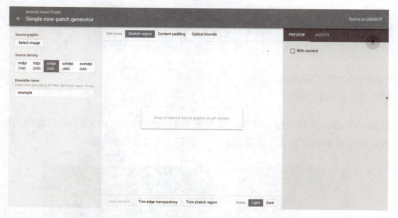

图 7-34

单击左侧的Select image按钮，选择切图对象，如图7-35所示。拖动调整参考线的位置，以获得更好的切片效果，如图7-36所示。

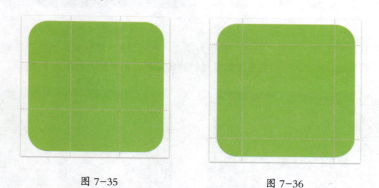

图 7-35　　　　　　　　　　　图 7-36

拖动右侧的图形，演示不同的切图效果，如图7-37所示。单击右上角蓝色的Download ZIP按钮，即可将切图效果下载到本地，可以看到5种分辨率的切图效果，如图7-38所示。

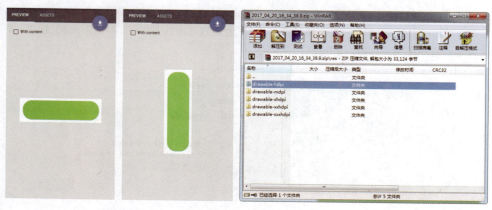

图 7-37　　　　　　　　　　　图 7-38

> **提示：** 在iOS中，同样也支持类似点九切图的拉伸，但是不同的是，iOS中不需要黑线，如果是在iOS中使用，去掉黑线后导出即可。

7.6 使用Sketch标注

一般情况下，软件界面都是设计师凭感觉开发的，当交付后，还要与开发人员一起调整字号、图片大小等内容。整个过程效率极低，且浪费双方大量的时间。通过标注设计稿，可以实现 px 标注与安卓或 iOS 系统通过一定规律转换为 dp 或者 sp，大多数其他参数也可以实现较为精确的匹配。

一般情况下，会使用 Sketch 的插件进行标注。最著名的是 Sketch Measure。用户可以通过地址 https://github.com/utom/sketch-measure/archive/master.zip 下载该插件，也可以通过 Sketch Toolbox 安装。

安装完成后，执行"插件 >Sketch Measure"命令，即可看到该插件的内容，如图 7-39 所示。第一次使用该插件，会弹出如图 7-40 所示的对话框，用来设置单位和倍率。

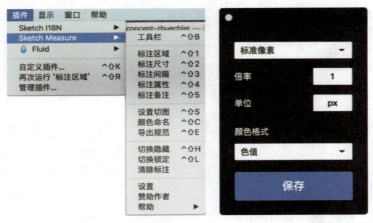

图 7-39　　　　　　　　图 7-40

如果在 Sketch 中使用 1 倍尺寸设计，倍率选择 1 就可以了。在 1 倍中 1px=1pt，但是考虑到开发人员通常使用 pt 单位，建议使用 pt 单位。如果是安卓系统，可选用 Mdpi，使用 dp 单位。

菜单内容看起来很多，但使用起来非常简单方便。

执行"工具栏"命令，将弹出一个工具条，如图 7-41 所示。工具条上的内容是下面菜单中的组合，下面逐一介绍。

图 7-41

- 标注区域：用来创建覆盖图层。选中需要操作的图层，单击工具栏上的按钮或者执行"标注区域"命令，即可在图层上创建叠加图层。该图层将覆盖在选中图层上方，默认为选中图层大小，可以手动调整，如图7-42所示。

图7-42

> 提示：一般使用该功能用来提醒开发人员此处为可触控区域。在App中为了能让用户更好地点击，触控区域往往大于图标本身大小。

- 标注尺寸：用来标注尺寸。在选中需要标注尺寸的图层后单击工具栏上的按钮或者执行"标注尺寸"命令，即可自动生成该图层的尺寸标注，如图7-43所示。

图7-43

> 提示：生成的所有标注都可以在图层面板中找到，用户可以通过移动标注文字，以避免遮住按钮上的文字。

- 标注间距：用来标注间距。选中图层后单击工具栏上的按钮或者执行"标注间隔"命令，会自动计算出该图层与画板四边的边距，如图7-44所示。

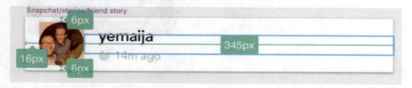

图7-44

如果需要标注两个图层之间的间距，只需同时选中两个图层，然后再执行"标注间隔"命令即可，如图7-45所示。

图7-45

- 标注属性：用于属性标注。此操作一般用来标注文字的字号、字体、颜色和行高等数值，以及圆角矩形的圆角半径和一些图层的填充色与描边色等。选中图层后，单击工具栏上的按钮或者执行"标注属性"命令即可，效果如图 7-46 所示。

图 7-46

- 标注备注：用来创建注释。该选项可以封闭地在画板中插入注释。在执行该操作之前，需要先输入注释文字，如图 7-47 所示。然后选择该图层，单击工具栏上的按钮或者执行"标注备注"命令即可，效果如图 7-48 所示。

图 7-47　　　　　　　　　　　图 7-48

- 设置切图：用来设置切图。选中想要设置的切片，单击工具栏上的按钮或者执行"设置切图"命令，即可在检查器面板上设置各项参数，如图 7-49 所示。
- 颜色命名：用来命名颜色。用户可以使用导入命令，将外部的颜色库导入进来。也可以将画板的颜色添加成一个库文件，然后导出，如图 7-50 所示。

图 7-49　　　　　　　　　图 7-50

- 导出规范：用来输出规范。选中画板后执行该操作，即可生成一个网页文件，如图 7-51 所示。打开该网页，可以查看画板中所有元素的属性，如图 7-52 所示。

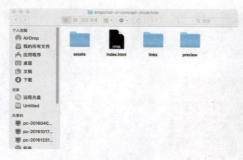

图 7-51　　　　　　　　　　　　　图 7-52

- 切换隐藏：用来切换标注的显示与隐藏状态。执行该操作可以让画板上的所有标注图层隐藏或显示。
- 切换锁定：用来切换标注的锁定状态。执行该操作可以快速地将所有的标注图层锁定或者解锁，防止误操作。
- 设置：可以对插件进行设置，执行该命令后，弹出如图 7-53 所示的对话框。

图 7-53

7.7　设计移动交互动效

移动交互动效设计指的是用户在使用 App 时进行交互后产生的动画效果。例如菜单的滑动效果、页面之间的跳转效果、图片弹出的效果等。

优秀的交互动效可以提供超预期的用户体验，增强用户黏性。交互动效通常都是比较微小的动效，所以设计人员对每一帧都要深思熟虑，不断尝试，以便可以获得视觉和体验的最佳平衡。

7.7.1　了解移动设备的手势

在进行移动交互动效设计之前，应该首先了解移动设备常见的交互手势。这是因为移动交互动效的一个作用是对用户操作的反馈提示，这就需要设计师针对不同的手势设计不同的动效。

1. 点击

这是触屏设备最常用的一种手势，即用户用手指单次点击屏幕。一般按钮和文本框的触发都需要使用这种手势，如图 7-54 所示。对于点击手势的动效设计应使用明显的反馈效果，且动效时间不宜过长，避免影响执行效果。

图 7-54

2. 双击

该手势指的是用户非常快速地连续两次点击屏幕，有点类似鼠标的双击。在移动设备中使用双击手势的情况非常常见。在浏览图片时对图片进行快速缩放时，就是双击图片，如图 7-55 所示。

在设计双击缩放图片的动效时，双击的位置一般默认为图片缩放的中心点。也就是以双击的位置为中心缩放。

图 7-55

3. 拖动

拖动是指用户按住界面上某一元素并对其拖动的手势。拖动的区域可以是任意的，也可以是固定在某一个范围。例如拖动滑竿解锁界面，如图 7-56 所示。

4. 长按

长按是指用户持续按住某一对象。一般使用该手势可以执行删除或者弹出菜单功能，有点类似于鼠标右键的功能。长按手势一般需要告知用户，也就是当用户刚接触某一应用时，基本上不会知道该操作，需要提前告知用户。

这种手势最具有代表性的就是在 iOS 设备桌面上长按图标，即可删除该 App，如图 7-57 所示。

图 7-56　　　　　　　　　　　　　　图 7-57

5. 滑动

滑动是指用户从屏幕的一侧轻扫到屏幕的另外一侧的手势。可以分为左滑动、右滑动、上滑动和下滑动，针对滑动的起始位置不同可能会产生不同的效果。

上下滑动是最常见的手势，如图 7-58 所示。当用户浏览列表或文章时，需要多屏展示的内容就需要上下滑动来查看，此时的滑动区域应是内容本身的区域。如果从屏幕上方向下滑可能会出现系统层的内容，如下拉通知；从屏幕底部向上滑，可以出现快捷功能。

图 7-58

左右滑动也会因为滑动区域的不同而产生不同的效果，如图 7-59 所示。例如网页广告可以通过左右滑动实现多页轮替。在 iOS 设备聊天记录上向左滑，即可出现菜单，可以选择删除记录。

图 7-59

6. 双指缩放

双指缩放的手势是指两个手指在屏幕上捏合和扩张的操作。一般用来执行界面的缩放功能。双指缩放几乎可以缩放任何内容，且缩放更加直观和精确。在地图类应用和游戏类应用中使用较多，如图 7-60 所示。

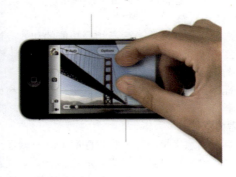

图 7-60

7. 旋转

旋转是指用两个手指在屏幕上旋转，也可以对某一个元素执行旋转操作，如图 7-61 所示。这种操作在实际应用中使用不多，在特定场景尤其是游戏场景中较为常用。

图 7-61

> 提示：在设计移动交互的动效时，要充分考虑交互手势的运用，所有的动效要符合用户的预期。

7.7.2 移动交互动效设计的注意事项

制作移动交互动效时既要保证动效的效果，也要注意符合规范。接下来针对一些注意事项进行讲解。

- 控制持续时间

移动交互动效和普通的动画不同，用户使用程序的目的不是为了欣赏动画，过长的动效会给用户带来不便。因此，所有的动效应该在瞬间完成。不过动效也不能太短，太短的动效会让用户无法察觉。

- 符合预期

一般来说，合理的动效是用户可以预料到的，例如滑动菜单、弹出面板等。如果滑出的方向或者弹出的方向不对，都会给用户带来困扰。
- 考虑系统

目前最常见的系统是 iOS 和安卓系统，这两个系统中都包含了大量的动效。用户通常已经对系统中自带的动效很熟悉了。为了保持视觉一致性，在设计动效时，尽可能采用与系统动效类似的效果，这样既可以减少制作难度，又可以提升用户体验。
- 动效一致性

在同一款应用程序中，表示相同功能的动效应该相同。这样可以使用户在熟悉应用后看到动效就会了解操作。而且一致的动效可以让软件整体风格统一。
- 考虑用户的耐心

一些程序需要有加载的过程，这个过程通常都比较长，会严重影响用户的耐心。可以通过设计一个简单有趣的动效来分散用户的注意力，例如软件启动和页面加载时。
- 考虑整体

动效存在的意义是更好地为程序服务。一款运行流畅的应用比花哨的应用要重要得多，而且过多的动效会导致更多的资源消耗。一个动效通常需要大量的代码，会浪费大量的开发时间。所以，合理地应用动效，考虑整个产品的整体才是正确的。
- 模拟现实

在设计动效时，要尽可能地模拟现实世界。这样才会给用户带来共鸣，对用户产生影响。
- 引导用户

好的动效一定会让用户直观地感受到接下来的步骤，并可以指引用户完成操作。同时可以让用户清晰地感觉到不同页面之间的联系。
- 层次感

在设计交互动效时，要充分思考每一个元素的运动规律和顺序，使得整个动画播放过程平滑流畅。元素运动的规律应该是有层次和逻辑的。

7.7.3　常见的动效制作软件

随着互联网技术的日益成熟，出现了越来越多的动效设计软件。接下来针对几种常见的动效制作软件进行介绍。

1. Keynote

Keynote 是苹果公司开发的演示幻灯片的软件，所有原生的 iOS 动效都能在该软件中找到。Keynote 的软件界面如图 7-62 所示。

图 7-62

Keynote 的使用非常简单，几乎不需要专门学习。但是该软件设计的动效往往精细度不够，只适合用来制作低保真的交互动效。

2. Principle

Principle 是一款新开发的交互设计软件。界面类似 Sketch，制作思路有点像 Keynote，但更"可视化"一些。Principle 软件界面如图 7-63 所示。

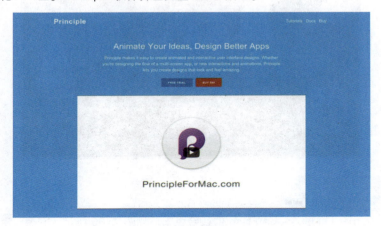

图 7-63

3. Flinto

Flinto 最初是一款原型工具，后来逐渐发展成为一款动画软件，如图 7-64 所示。它的优点是制作一些页面之间的跳转动效。对于细小的动效不太适合。

Flinto 为 Sketch 开发了一款插件，使用该插件可以将 Sketch 的图层直接导入 Flinto 中，然后再制作效果。

图 7-64

4. Adobe After Effects

提到 After Effects，使用过的用户首先想到的是，它是一款非常不错的影视剪辑软件。它适用于电影、电视等多媒体的影视剪辑中，有时还被一些企业用来制作自己的产品或者文化宣传片，还会被用于一些专题活动的宣传片制作中。

随着技术水平的提高，以及用户需求的提高，设计师们将 After Effects 与交互设计结合，将原本单一的画面变得生动起来，同时 After Effects 中的一些特效也会帮助交互设计师很好地将自己的设计思路传递给实现最终效果的开发人员，如图 7-65 所示。

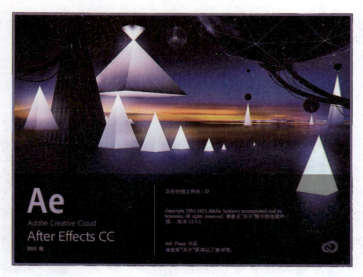

图 7-65

5. Adobe Animate

Adobe Animate 就是 Adobe Flash 的最新版本，如图 7-66 所示。它是一款强大的矢量动画设计软件，可以完成各种丰富的动效。但是由于 Flash 动画在互联网方面的应用领域越来越少，且在制作交互时，需要掌握一定的编程知识，所以相比其他软件就没有太多优势了。

图 7-66

6. Hype

Hype 是一款强大的动效制作软件，它只能应用在 Mac 系统中。该软件可以无须编写代码创建 HTML 网页和动画。使用该软件设计出来的动效可以直接导出为 HTML5 文档，非常方便传播与共享。

Hype 软件界面有点 Adobe After effects 的感觉，整体布局简洁大方，同时和 Keynote 也非常相似，如图 7-67 所示。同时该软件发布有中文版本。

图 7-67

7.8 使用Sketch插件

插件是让 Sketch 保持强大的秘诀。很多软件看起来不支持的功能,通过插件都可以实现,大大地提高了工作效率。接下来介绍一下插件的安装和几种实用的插件。

7.8.1 插件的安装

Sketch 的插件通常都是专业人士编写的,获取的方法有三种。

1. 使用 Sketch Toolbox

下载 Sketch Toolbox 工具,如图 7-68 所示。在里面可以下载所需的插件库,如图 7-69 所示。然后在 Sketch 工具栏中执行"插件"命令即可看到下载的插件库了。

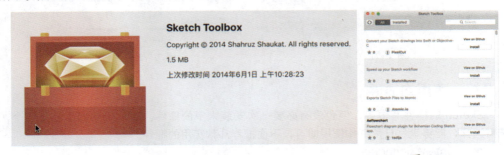

图 7-68　　　　　　　　　　　图 7-69

2. 使用 GitHub

在 GitHub 上搜索需要的插件名,然后直接下载即可,如图 7-70 所示。GitHub 是一个面向开源及私有软件项目的托管平台，因为只支持 Git 作为唯一的版本库格式进行托管，故名 GitHub。

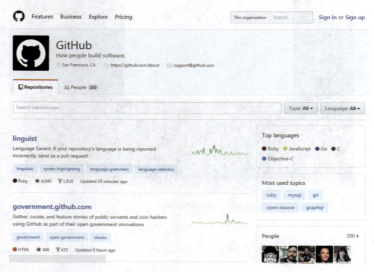

图 7-70

3. 偏好设置

用户可以在 Sketch 中执行"插件 > 管理插件"命令，弹出"偏好设置"对话框，如图 7-71 所示。单击右下角的"获取插件"按钮，即可在 Sketch 网站中寻找合适的插件，如图 7-72 所示。

图 7-71

图 7-72

7.8.2 实用的插件

Sketch 的插件有很多，但也没有必要一次安装太多的插件，建议用到哪个安装哪个，按需选择，能够满足日常工作使用即可，下面推荐几款实用的插件。

- Content generator

该插件可以自动填充类型图片、姓名、联系方式等信息，避免手动输入带来的不便，如图 7-73 所示。

图 7-73

- Rename it

使用这个插件可以批量修改图形的名称。例如，选中所有矩形，单击 Rename it 插件，将其命名为"%N"，即可得到一串倒序排列的矩形命名。4 种具体的修改方式如下。

1) 扩展图层名：输入"+"和想要添加的文件即可。
2) 图层名顺序：输入"%N"将图层名按顺序加上数字后缀。
3) 保留并移动原图层名：输入新的图层名时，使用"*"代替原图层名。
4) 添加图层的长度和宽度：输入"%w"或者"%h"来添加图层的长度和宽度。

- Sketch Measure

这个插件可以在作品上添加图形尺寸、距离、颜色和文本属性的标注，并会自动把附件编组，方便用户修改和管理，如图 7-74 所示。

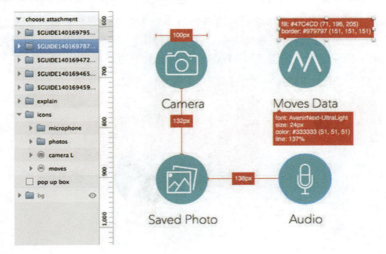

图 7-74

- Icon stamper

这款插件可以一键生成 iOS 系统的多种图标尺寸。用户只需做一个最大的图标，这个插件可以帮助用户生成一套各种尺寸的图标，然后一次性导出，如图 7-75 所示。

图 7-75

7.9 专家支招

网站作为传播信息的一种载体，也要遵循一些设计的基本原则。但是，由于表现形式、运行方式和社会功能的不同，网站 UI 设计又有其自身的特殊规律。网站 UI 设计，是技术与艺术的结合、内容与形式的统一。

7.9.1 如何对移动界面进行标注

在进行标注之前，首先要对移动界面进行分析，思考哪些内容需要标注，需要标注哪些参数。如图 7-76 所示，为当前页面标注时，头像是位图，只需标注出尺寸和位置即可，用和画布四周边距来标注位置，如图 7-77 所示。注意删除下边距标注。

图 7-76

图 7-77

图中标注的数值表示无论屏幕大小，头像始终和屏幕上方保持117px的距离，且和屏幕垂直居中。

背景颜色，可以通过"颜色命名"来获得，如图7-78所示。如果背景是位图，直接切图即可。

对于返回图标，可以给出触控范围的标注，如图7-79所示。有一点需要注意，如果对某一图层只给出距离画板的上边距，则表示无论屏幕尺寸如何变化，均和屏幕上边距保持间距。如果只给出距离画板底部的间距，则表示随着屏幕的变换，该图层始终和屏幕底部保持该间距。

图 7-78

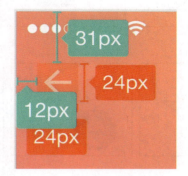
图 7-79

7.9.2　常见角度动画效果

经过前面的学习了解到，交互设计指的是设计者和产品或服务互动的一种机制。以用户体验为基础进行人机交互设计时要考虑用户的背景、使用经验及在操作过程中的感受，从而设计出符合用户需求的产品。

交互设计的目的是使得产品能够让用户应用起来简单便捷。同时任何产品功能的实现都是使用人机交互来完成的。

交互动画效果的制作可以让交互设计师更清晰地阐述自己的设计理念，同时帮助程序管理人员和研发人员在评审中解决视觉上的问题。交互动画具有缜密清晰的逻辑思维、配合研发人员更好地实现效果和帮助程序管理人员更好地完善产品的优点。同时使用After Effects制作的交互动画可以高保真地帮助设计师完成想要的效果，赋予产品活力。

在进行交互动画的制作之前首先要了解的是交互动画在App中常见的效果。App中常见的交互动画效果并不复杂，可以简单地通过点击和滑动实现。滑动效果可分为4种，分别为位移、旋转、变换和擦除，如图7-80所示。

位移

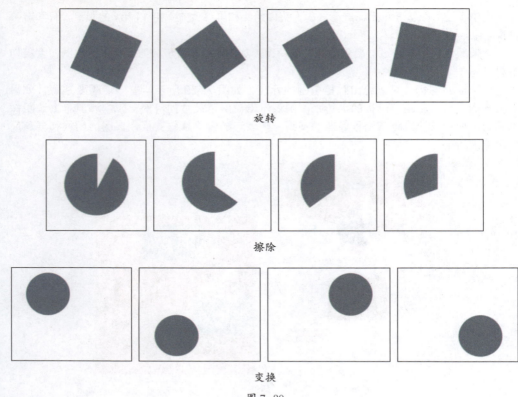

图 7-80

7.10　本章小结

　　本章主要讲解 Sketch 绘制作品的输出和交互设计。通过学习，读者要了解在不同系统中输出文件的方法和技巧，了解不同系统输出的规则和标注方法，掌握切图工具的使用，了解交互动效的制作原理和常用工具。还要了解 Sketch 插件的安装和使用，并熟练掌握几种常见的插件。